碳中和与海洋
100 问

王云忠　徐永成　主编

中国海洋大学出版社
·青岛·

编创团队

编委会

主　任：王崇江　青岛市科学技术协会党组书记、主席
　　　　秦云鹏　青岛市科学技术协会党组成员、副主席
副主任：齐继光　青岛海洋科技馆馆长
　　　　王云忠　青岛海洋科技馆书记
　　　　刘文菁　中国海洋大学出版社书记、社长
　　　　徐永成　中国海洋大学出版社副总编辑
　　　　刘大磊　青岛海洋科技馆副馆长
委　员：纪丽真　王　沛　郭嘉瑱

编辑委员会

主　任：刘文菁
副主任：徐永成
成　员：郭嘉瑱　曲益静　高　岩　王　萌　于红梅　李　杰　孙　爽
　　　　韩　涵　李建筑　魏建功　李学伦　纪丽真　付绍瑜　刘　琳
　　　　孙玉苗　董　超　迟梦月　张　鑫

前言

放眼世界，全球气候变化将各国各地、万事万物联系起来，成为摆在人类面前的严肃问题。为了交出应对气候变化的完美答卷，我国提出力争于2030年实现碳达峰，努力争取于2060年前实现碳中和。

我们赖以生存的地球约70%的表面积是海洋。海洋这个广袤的自然生态系统承载着我们的生命和文明。亘古至今，人类对海洋的探索从未停止。如今，人们对海洋有了新的期待——蓝碳的发展不仅能助力碳中和愿景的实现，更能对我们所处的经济社会环境产生良性反馈。

海洋是地球系统中最大的碳库，在应对全球气候变化和实现可持续发展方面发挥着至关重要的作用。作为海洋大国，我国拥有广阔的蔚蓝国土，是世界上少数几个同时拥有海草床、盐沼湿地和红树林三大蓝碳生态系统的国家之一。我国拥有1.8万千米的大陆海岸线、670万公顷的滨海湿地；沿海省份在经略海洋上也各具特色，我国海水养殖产量常年位居世界前列。加之雄厚的科研实力与政策的大力支持，令我国蓝碳拥有得天独厚的发展潜力。

增强海洋碳汇能力，助力双碳愿景的实现，需要认识好、利用好、保护好蓝碳这股宝藏力量。近年来，"蓝色经济""蓝碳交易"等概念频频走入公众视野，然而从理念到行动，还需注入公众意识这一"强心剂"，才能让蓝碳与蓝碳经济张开羽翼，在全社会范围内一步步唱响"咏碳调"。

由青岛市科学技术协会牵头，青岛海洋科普联盟编辑出版的《碳中和与海洋100问》，旨在向读者介绍有关碳中和与海洋的知识，帮助读者了解这些重要议题对我们日常生活、社会和环境的影响。本书通过问答的方式，从多个角度深入浅出地介绍了碳中和，尤其是蓝碳的相关概念、新兴技术等，帮助读者了解碳中和的原理和应用。

希望《碳中和与海洋100问》能够成为广大读者朋友认识和探索海洋与碳中和的窗口，成为您智慧之旅的助力！

编者

2023年10月

目录

第四章

海洋碳封存 / 099

第五章

第一章

气候变化与温室效应

气候变化的定义是什么?

根据导致气候变化原因的差异以及"气候变化"一词使用环境的不同,气候变化的定义也有所不同。目前常见的定义有以下三种。

1. 自然科学意义上的定义

气候变化是指气候平均状态和离差(距平)两者中的一个或两个一起出现了统计意义显著的变化。离差值越大,表明气候变化的幅度越大,气候状态越不稳定。

2. 联合国政府间气候变化专门委员会(IPCC)的定义

气候变化是指气候随时间发生的任何变化,无论其原因是自然因素还是人类活动。

3.《联合国气候变化框架公约》中的定义

《联合国气候变化框架公约》将"气候变化"定义为:"经过相当一段时间的观察,在自然气候变化之外由人类活动直接或间接地改变全球大气组成所导致的气候改变。"将因人类活动而改变大气组成的"气候变化"与归因于自然原因的"气候变率"区分开来。

气候变化主要表现为三方面:全球气候变暖、酸雨、臭氧层破坏,其中全球气候变暖是目前人类最为关注的问题。当前国际社会上开展的应对全球气候变化的大部分行动,主要是针对人类活动导致的气候变化。

小知识

　　气候异常是相对气候正常而言的。所谓气候正常，是指气候接近于多年的平均状况，比较符合常规，较适宜于人类活动和农业生产；而气候异常则是指某一地区在一定时间内气候要素明显偏离多年平均值而出现的反常现象，如严重干旱、特大暴雨、严重冰雹、超强台风等和气象灾害相关的气候现象。气候异常会对人类活动和社会经济造成很大的影响。

▲ 严重干旱造成土地龟裂

气候变化的原因是什么?

气候变化的原因分为自然因素和人为因素。

导致气候变化的自然因素有太阳辐射量的变化、地球轨道的变化、地极变动、大陆漂移、海陆升降、火山活动、大气与海洋环流的变化等。

而人为因素主要是工业革命以来的人类活动,特别是各国在工业化过程中的经济活动,包括燃烧化石燃料等。这些人类活动会产生大量温室气体,加剧温室效应,导致全球气候变暖。

△ 正在排放废气的烟囱

什么是厄尔尼诺现象？

一般情况下，热带太平洋西部的表层水较暖，而东部的水温较低。这种东、西太平洋洋面之间的水温梯度变化和东向的信风一起，构成了海洋大气系统的准平衡状态。这种平衡状态一旦被打破，西太平洋的暖热气流伴随雷暴东移，使整个太平洋水域的水温变暖，气候出现异常，便会导致厄尔尼诺现象和拉尼娜现象的产生。

厄尔尼诺现象是指秘鲁沿岸及赤道东太平洋地区出现的海水表层温度异常持续偏高现象。一般于12月开始，次年3至4月进入盛期，5月后海水温度降低，对气候有局部性影响。有些年份在3至4月出现巨大的海水增温，4月以后仍然升温，并且持续一年之久，这种异常增温的大规模厄尔尼诺现象对全球气候有重大影响。

"厄尔尼诺"一词来源于西班牙语（El Niño），原意为"圣婴"，是秘鲁、厄瓜多尔一带的渔民用以称呼一种异常气候现象的名词。19世纪初，在南美洲的厄瓜多尔、秘鲁等国家，渔民们发现，每隔几年，从10月至第二年的3月便会出现一股沿海岸南移的暖流，这股暖流使沿岸表层海水温度明显升高。南美洲的太平洋东岸本来盛行的是秘鲁寒流，随着寒流移动的鱼群使秘鲁渔场成为世界四大渔场之一，但这股暖流一出现，性喜冷水的鱼类就会大量死亡，使渔民们遭受巨大的经济损失。在正常情况下，热带太平洋区域的季风洋流是从美洲走向亚洲的，会使太平洋表面保持温暖，给印度尼西亚周围带来丰富的热带降雨。但这种模式每2至7年会被厄尔尼诺打乱一次，使风向和洋流发生逆转，太平洋表层的热流就转而向东走向美洲，随之便带走了热带降雨，出现"厄尔尼诺现象"。

什么是拉尼娜现象？

拉尼娜现象是指太平洋中部和东部表层海水温度持续降低的现象，通常在厄尔尼诺现象之后出现，与热带洋流和大气运动有关。"拉尼娜"一词来源于西班牙语（La Niña），意为"圣女"，因为其与厄尔尼诺现象相反，又被称为"反厄尔尼诺"或"冷事件"。当东北和东南信风增强，太平洋东部和中部表层温暖的海水就会沿着赤道被吹向西太平洋，表层海水被吹走后，需要深层海水的补充，从而导致东部深层冷海水上翻，加剧本地区表层水温降低的程度。同时，西部暖气流上升运动加强信风循环，从而引发拉尼娜现象。

拉尼娜现象的气候影响与厄尔尼诺现象的相反，但没有厄尔尼诺现象强烈，通常导致西太平洋区域降水增多，甚至引发台风和热带风暴，以及东太平洋地区出现干旱。但并不是每次厄尔尼诺现象之后都伴随着拉尼娜现象，随着全球气候变暖，拉尼娜现象发生的频率会逐渐降低。

▼台风到来

什么是温室效应？

　　温室效应是大气对于地球保暖作用的俗称。大气中的一些成分（如二氧化碳和水汽）对太阳短波辐射有较大的透过率，而对地表和大气的长波辐射则大部分吸收，使地表及大气的热量较少散失，从而使地球在较高温度下保持热平衡。这种作用与玻璃温室的保暖作用相似，故称"温室效应"。大气中温室气体含量增加时，温室效应不断积累，地球-大气系统吸收的能量多于发射的能量，能量不断在地球-大气系统中累积，从而导致温度上升，全球气候变暖。

　　全球变暖会使地球-大气系统温度升高，但是不均匀地升高。在温度异常高的地方，蒸发作用变得更加剧烈；在温度较低的地方，甚至会有异常的大量降雨形成，导致全球降水量重新分配。这种温度不均匀升高的影响

▲ 温室

还体现为冰川和冻土的消融，这两种现象又会使海平面上升，威胁临海地区和一些岛国上人们的生存。

温室气体有哪些?

　　顾名思义,温室气体就是能够引起温室效应的气体的总称。具体而言,温室气体指大气层中具有独特分子结构,可以吸收红外线辐射和地面反射的太阳辐射、重新发射辐射,从而导致地球表面变暖的气体。大气中的温室气体主要是水汽、二氧化碳、氧化亚氮、甲烷、臭氧、全氟碳化物、氢氟碳化物等,其中水汽占温室气体的60%~70%,其次是二氧化碳,约占26%。由于水汽和臭氧时空分布变化大,且难以人为进行控制,因此在规划减量措施时往往不予考虑。大气中的温室气体过量会导致气候异常、海平面升高、冻土融化、生态系统异常等危害。

小知识

　　《蒙特利尔议定书》规定了温室气体还涉及卤烃和其他含氯和含溴的物质。

　　《京都议定书》首次以法规的形式规定六种温室气体包括二氧化碳、甲烷、氧化亚氮、氢氟碳化物、全氟碳化物、六氟化硫。

温室效应是怎么产生的?

温室效应又称"花房效应",本身是一种自然现象,对维持地球上的适宜温度非常重要。然而,过度的人类活动导致温室气体排放增加,从而加剧了温室效应。

地球和地球-大气系统像是一个巨大的温室。大气就像是温室的玻璃窗,短波和可见光的大部分太阳辐射是可以透过这个"玻璃窗"的,同时地面吸收的部分能量以长波红外辐射给大气,在此过程中被吸收的太阳辐射在大气层内被转化为热能,并以热辐射形式向四周传播。但是长波辐射并不能完全透过大气,因为大气中有温室气体,它们大量吸收长波辐射,然后再将它们部分辐射回地面,使得地面温度升高,产生温室效应。

温室效应不断加剧,导致全球气温不断上升,对地球上能量流动和物质循环,包括碳循环有着严重的负面影响,整体上对人类生活和经济发展也有着巨大的危害。

如今,各国都在提倡低碳经济,但是实际上,无论是在国家层面还是个人层面,减少温室气体排放都是十分复杂且困难的。减少温室气体排放需要平衡发展利益问题、科学技术支持和全球层面的统一减排行为等。

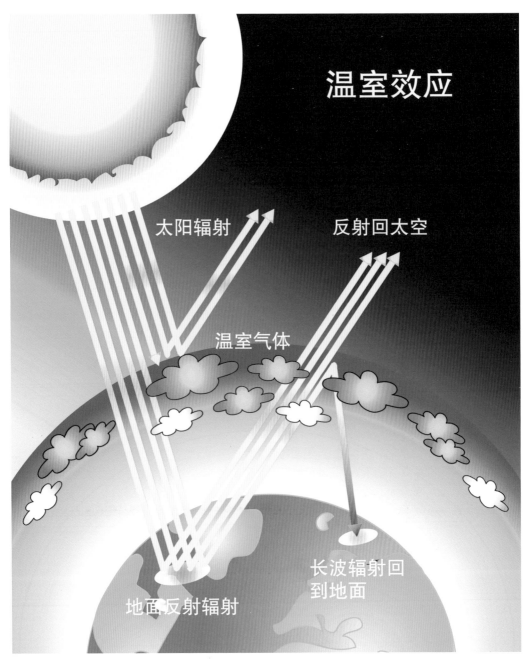

温室效应

太阳辐射　　反射回太空

温室气体

长波辐射回到地面

地面反射辐射

🔺 温室效应原理图

温室气体是如何产生并且影响全球气候变暖的？

温室气体的产生与人类活动紧密相关。

二氧化碳是温室气体的代表性气体，主要来源是燃烧化石燃料（如煤、石油和天然气）、森林砍伐以及土地利用的变化。燃烧化石燃料会释放大量的二氧化碳，同时一些工业过程，如水泥生产、钢铁制造和化学品生产，也会排放大量的二氧化碳。而森林砍伐和土地利用变化导致植被减少，使得被植物吸收的二氧化碳减少。此消彼长，就会导致二氧化碳在大气中占比增长。

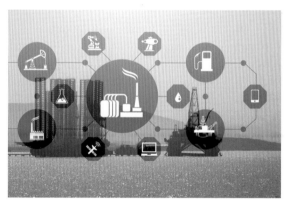

▲ 会产生温室气体的油气工业概览

甲烷和氮氧化物主要来自牲畜消化过程、能源生产和废物处理过程等。如牛、羊等动物的肠道发酵、粪便分解会产生大量甲烷。而能源生产和废物处理过程需要填埋垃圾，垃圾填埋场中的有机物分解会产生甲烷，当垃圾填埋场没有适当的气体收集系统时，大量的甲烷便会释放到大气中。

氢氟碳化物、全氟碳化物和六氟化硫等温室气体的主要来源是人类生产活动的副产物，如石油和天然气开采、采矿和化学品生产。

这些温室气体的排放会增强温室效应，进一步加剧全球气候变暖、增强气候变化的负影响。而全球气候变暖和气候变化的负影响会对人类和自然系统产生极大的影响。对人类而言，可能会面临粮食安全问题加剧、水资源短缺、生态系统崩溃、健康问题增加等；对自然系统而言，物种多样性会急剧下降，生态平衡会被破坏，从而影响生态系统的稳定性。

因此，减少温室气体的排放是减缓全球气候变暖的关键。为了减少温室气体的排放，我们需要采取的措施有推广可再生能源、提高能源利用效率、保护森林等。在世界层面上，国际社会可以通过制定和执行减排政策、发展清洁能源、呼吁减排等措施来应对气候变化的挑战。

小知识

森林火灾、石油泄漏、天然气钻井平台爆炸等事故的发生也会导致大量温室气体的产生。比如印度尼西亚1997年森林大火所排放的二氧化碳相当于当年全球森林的二氧化碳吸收量。同时，森林火灾产生的大量烟尘破坏了印度尼西亚周边的海洋生态系统，具体影响有威胁海洋生物生存等，这在很大程度上减少了海洋碳汇的二氧化碳吸收量。

🔺 森林火灾

温室气体对海洋有何影响?

温室气体对海洋有多种负面影响,其中二氧化碳会导致海洋酸化。二氧化碳被吸收到海水中之后会形成碳酸,然后酸化海洋。海洋酸化之后,对海洋生物造成严重的负面影响,会破坏珊瑚礁等海洋生态系统的重要组成部分。

还有很多温室气体从海底火山爆发等事件中产生。海底火山爆发一方面给海底带来丰富的营养物质,另一方面,一旦水分子封存的甲烷被大量释放,就会破坏局部甚至整体海洋生态环境。

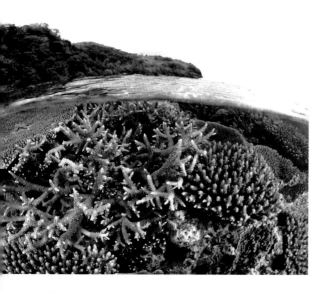

🔺 浅海中脆弱的珊瑚礁

🔺 海滩上的珊瑚钙质外骨骼

10

如何度量温室气体对温室效应的影响程度?

不同的温室气体对地球温室效应的影响程度各不相同。为了统一度量整体温室效应的结果,又因为二氧化碳是人类活动最常产生的温室气体,因此,规定以二氧化碳当量(用符号CO_2e表示)为度量温室气体的基本单位。一种气体的二氧化碳当量是该气体的吨数(t)乘以其全球增温潜能值(GWP,或称全球增温潜势)。

全球增温潜能值是温室气体(二氧化碳除外)产生温室效应时需要的量比上产生相同温室效应的二氧化碳的量得出来的值。它以二氧化碳的GWP=1.0为基准值,不考虑时间框架,其他物质的GWP是与它进行比较的相对值。一种气体的GWP值越大,则温室效应的作用越明显。考虑时间框架时,一般是用100年二氧化碳对温室效应的作用为基准值1.0,即$GWP_{100}=1.0$,其他温室气体的GWP_{100}是与二氧化碳100年的基准值比较的相对值。通常情况下,将二氧化碳的GWP设为1,然后将其他温室气体的GWP与二氧化碳的GWP进行比较。例如,甲烷的GWP_{100}为25,意味着甲烷在100年的时间段内的温室效应能力是二氧化碳的25倍。

小知识

　　GWP值是通过伯尔尼碳循环模型计算出来的。随着伯尔尼碳循环模型的修正,GWP值可能会有变化。如在IPCC第四次评估报告中,甲烷的100年GWP值(GWP_{100})是25,而这一数值在1995年的IPCC第二次评估报告中为21。根据2023年的IPCC第六次评估报告,甲烷的20年GWP值为82.5,100年的GWP值为29.8,远超二氧化碳。

度量温室气体对温室效应的影响程度是一个复杂的问题，不同温室气体的持久性、吸收光谱特性和浓度变化等因素都会对其影响程度产生影响。除了上述普遍利用的指标以及方法，科学家和政策制定者还会使用其他的指标和方法来综合评估温室气体的影响程度，如温室气体的浓度、生命周期、辐射吸收程度。

全球变暖对海洋有何影响？

全球变暖对海洋的影响主要有海平面上升、海水温度上升、海洋环流变化、水资源时空分布变化和减少生物多样性等。

海平面上升的原因主要是两极冰川融化和海水热膨胀。气候变暖会使全球气温增高，一方面导致内极冰川融化速度变快，大量的冰融化成水进入海洋；另一方面由于海水温度上升，热胀冷缩，海水会有一定程度的膨胀。两者都会使海平面上升，对海边低洼地区和沿海城市构成威胁，可能导致一些海岛消失。

海水温度上升是海平面上升的原因之一，但是海水温度上升还会给海洋带来其他不可忽略的影响，包括影响海洋生物生存。全球变暖会导致海洋表层温度上升，从而影响海洋生物的生长和分布，如珊瑚礁白化、海洋生物栖息地的改变。其中海洋生物栖息地的改变在海洋垂直面上也会有所体现，一些深层的海洋生物由于所处环境海水温度升高，就会被迫向更深处的海水迁徙，但是又不能适应更深处海水的压强，这就会导致这些海洋生物面临两难的境地。

海水温度上升还会影响海洋环流，主要是影响海水热盐环流，导致一些暖流增强、寒流受阻。值得一提的是，海水温度上升对于海水环流变化的影响区别于热力对流。

小知识

　　气候变化导致地球表面温度升高，特别是海洋表面温度的上升。这会引起热力对流现象，即冷热空气的垂直运动。热空气上升并形成低压区，而冷空气下沉并形成高压区。这种热力对流会产生风，在海洋上形成风场，并驱动着海洋表面的水流和洋流。

　　水资源时空分布变化的原因在于全球变暖引起的降雨变化和海洋环流变化，如海洋环流变化引起的厄尔尼诺和拉尼娜现象就会导致空间上的太平洋东、西两岸降水分配不均匀。我们说到水资源时空分布时，一般是指陆地上的，当说到海洋水资源时空分布时，一般是指海水与大气环流的相互作用。海水蒸发后由大气环流带到别处海面形成降雨，这就会改变别处海面的海水情况，还会使得一些较低的海面得到水资源补充，进一步影响深层海水结构。

　　总的来说，全球变暖对海洋的影响是多方面的、持续性的、难以控制的。我们需要采取有效措施来减缓和适应这些影响，以保护人类共有的海洋。

🔺 冰川融化

12

气候变化与海洋生态系统碳循环有什么关联？

　　海洋生态系统碳循环主要是海洋碳汇吸收大气中的二氧化碳，其与气候变化的联系主要是气候变化对海洋碳汇有所影响。海洋是地球上最大的碳汇之一，能吸收和储存大量二氧化碳。而海洋生态系统在其中起到不可替代的重要作用，作为重要环节推动海洋–大气碳循环。气候变化在影响海洋生态系统的同时影响了其碳循环过程。

　　气候变化与海洋生态系统碳循环最直观的联系就是海洋生态系统对二氧化碳的吸收和释放。海洋浮游植物通过光合作用吸收二氧化碳，并将其转化为有机碳，输送到海底固定，形成有机碳的长期储存库。海岸的植物也能通过光合作用吸收二氧化碳，比如红树林和海草。这些有机碳会通过食物链进入海洋生态系统中的其他生物体。

　　气候变化影响海洋的温度、盐度和海洋表面风的分布时，会影响海水运动，间接影响海洋生态系统碳循环，如海水运动的垂直混合和水体流动会促进二氧化碳的吸收和释放。气候变化导致的海洋环境变化还会影响碳循环的速率和规模。

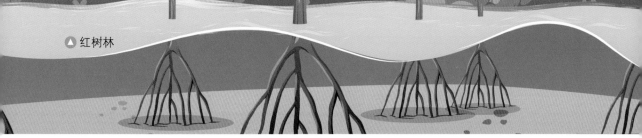

▲ 红树林

除了比较简单直观的联系，气候变化与海洋生态系统碳循环还有较为复杂的联系。其一是气候变化对生物多样性的影响。海洋生态系统中某些关键物种的缺失可能会影响底层的碳循环过程。例如，浮游植物的减少会影响海洋生态系统对二氧化碳的吸收速率，从而影响整个碳循环系统的平衡。其二是气候变化对海洋生物的生态位的影响，气候变化引起的海洋温度升高和海洋环流变化会导致海洋生物的分布范围和生态位发生变化，如物种迁徙。物种迁徙寻找适合生态位的行为会对原本生态系统的物种组成和其中的相互作用产生较大影响，进一步影响碳循环。总的来说，气候变化与海洋生态系统碳循环这种较为复杂的联系是两者机制的复杂性导致的，这就导致研究的难度大，这方面的研究还有较大欠缺。

13

气候变化的应对策略有哪些?

应对气候变化主要可以从两个方面入手：减缓和适应，即减缓温室效应和适应全球变暖。

在减缓温室效应方面，可以减少化石燃料的使用、改进工业和农业生产过程，直接减少二氧化碳、甲烷等温室气体的排放，即减排。还可以保护森林、湿地和海洋等生态系统，即增汇。

由于气候变化不可逆转，在适应全球变暖方面，我们的共同目标是要减轻气候变化带来的影响，并增强全球社会、经济和生态系统的抵御能力。

在国际上，各国通过国际合作和政策制定来适应全球性的气候变化，如《联合国气候变化框架公约》和《京都议定书》旨在限制全球气温上升，并促进世界各国采取应对气候变化的行动。

中国政府一直积极应对气候变化，并采取了一系列具体措施和方案。以下是中国政府积极参与国际应对气候变化的主要历程和方案。

① 1992年：中国政府批准了《联合国气候变化框架公约》（UNFCCC），成为该公约最早的缔约方之一。

② 2007年：中国政府发布了《中国应对气候变化国家方案》，提出了减排目标、政策措施和技术发展方向等，旨在推动低碳经济发展和应对气候变化。

③ 2015年：中国政府积极参与《巴黎协定》的谈判。该协定于2016年4月正式签署。中国于同年9月批准该协定，成为完成了批准协定的缔约方之一。

④ 2017年：中国举办了第一届"一带一路"国际合作高峰论坛。

⑤ 2020年：国家主席习近平在第七十五届联合国大会一般性辩论上郑重宣示：中国将提高国家自主贡献力度，采取更加有力的政策和措施，二氧化碳排放力争于2030年前达到峰值，努力争取2060年前实现碳中和。

2004年，国家发展和改革委员会发布了中国第一个《节能中长期专项规划》。2005年，全国人大审议通过了《中华人民共和国可再生能源法》，明确了政府、企业和用户在可再生能源开发利用中的责任和义务，提出了包括总量目标制度、发电并网制度、价格管理制度、费用分摊制度、专项资金制度、税收优惠制度等一系列政策和措施。

中国已成为全球最大的可再生能源投资国和光伏、风电等可再生能源装机容量最大的国家之一。此外，中国还推动建立了国内的碳市场试点，并加强了对适应气候变化的研究和实践。这些措施表明中国政府在积极应对气候变化方面的承诺和贡献。

> **小知识**
>
> 　　加强气候监测和预警系统也是应对气候变化的一种方式，并且能够极大地助力科学研究。建立健全的海洋气象观测和预警系统能够及时监测和预警极端天气事件，获得观测数据，以对海洋—大气系统进行研究，从而帮助、利用海洋进行固碳。

14

什么是《联合国气候变化框架公约》？

　　气候变化作为一个全球性的环境问题首次得到国际社会广泛关注是在20世纪80年代。

　　为了应对气候变化，1988年，联合国环境规划署（UNEP）和世界气象组织（WMO）共同成立了政府间气候变化专门委员会（IPCC）。1990年，在德国波茨坦召开了一次重要会议——波茨坦会议，会议旨在为制定国际气候变化框架提供政策和科学基础，并促进各国对此问题达成共识。

　　《联合国气候变化框架公约》（简称《公约》）于1992年5月9日在联合国纽约总部通过，并于1994年3月21日生效，确立应对气候变化为最终目标。《公约》第二条规定，"本公约以及缔约方会议可能通过的任何法律文书的最终目标是：将大气温室气体的浓度稳定在防止气候系统受到危险的人为干扰的水平上。这一水平应当在足以使生态系统能够可持续进行的时间范围内实现。"

　　《联合国气候变化框架公约》的通过标志着国际社会对于气候变化问题的共

同认识和合作意愿。《公约》通过设立具有法律约束力的议定书和其他协定，为各方提供了实现减排目标、适应气候变化和提供资金支持的具体机制。其中最著名的议定书和协定是《京都议定书》和《巴黎协定》，它们为加强全球合作以及各国量化减排目标提供了法律基础。

小知识

《联合国气候变化框架公约》缔约方会议是《公约》的最高决策机构。《公约》所有缔约国都派代表参加缔约方会议，审查《公约》以及缔约方会议通过的任何其他法律文书的执行情况，并作出必要决定，包括体制和行政安排，促进《公约》的有效执行。《联合国气候变化框架公约》缔约方会议的一项关键任务是审查缔约方提交的国家信息通报和排放清单。

15

什么是《京都议定书》和《巴黎气候变化协定》？

《京都议定书》（*Kyoto Protocol*）是《联合国气候变化框架公约》的附件，于1997年12月11日在《联合国气候变化框架公约》第三次缔约方大会上通过，并于2005年2月16日正式生效。这是人类历史上首次以法规的形式限制温室气体排放。为了促进各国完成温室气体减排目标，议定书允许采取以下四种减排方式：

① 两个发达国家之间可以进行排放额度买卖的"排放权交易"，即难以完成削减任务的国家，可以花钱从超额完成任务的国家买进超出的额度。

② 以"净排放量"计算温室气体排放量，即从本国实际排放量中扣除森林所吸收的二氧化碳的数量。

③ 可以采用绿色开发机制，促使发达国家和发展中国家共同减排温室气体。

④ 可以采用"集团方式"，即欧盟内部的许多国家可视为一个整体，采取有的国家削减、有的国家增加的方法，在总体上完成减排任务。

《京都议定书》在其附件B中为37个工业化国家和转型经济体以及欧洲联盟设定了具有约束力的减排目标。在2008年至2012年（第一承诺期），这些目标在1990年排放水平上平均减排5%。目前《京都议定书》有192个缔约方。

总的来说，《京都议定书》强调了发达国家的责任和领导责任，同时也鼓励发展中国家采取适当的行动，并为减排项目提供了灵活的机制。这为后续的国际气候谈判奠定了基础，包括2015年达成的《巴黎气候变化协定》。

《巴黎气候变化协定》（又称《巴黎协定》）于2015年12月12日在第21届联合国气候变化大会（巴黎气候大会）上通过，2016年11月4日起正式实施。

《巴黎协定》重申了《联合国气候变化框架公约》所确定的"公平、共同但有区别的责任和各自能力原则"。提出了三个目标：一是将全球平均温度上升幅度控制在工业化前水平2℃之内，并力争不超过工业化前水平1.5℃；二是提高适应气候变化不利影响的能力，并以不威胁粮食生产的方式增强气候适应能力和促进温室气体低排放发展；三是使资金流动符合温室气体低排放和气候适应型发展的路径。《巴黎协定》还正式以法律文书的形式规定了各国自主减排加定期报告的方式，增加了各国减排透明度，定期报告还能帮助其他国家改进减排政策方案。

小知识

　　《京都议定书》规定，在1990年温室气体排放量的基础上，从2008年到2012年，欧盟作为一个整体要将温室气体排放量削减8%，日本和加拿大各削减6%，美国削减7%。但美国2001年退出了《京都议定书》，理由是这会损害美国经济；2020年11月4日，美国又退出了《巴黎协定》。2011年12月，加拿大宣布退出《京都议定书》，成为继美国之后第二个签署但后又退出的国家。

16

海洋对气候中和有何作用?

　　气候中和是指通过减少和抵消温室气体的排放来达到净零碳排放的目标，从而消除人类活动对温室效应的影响。实现气候中和意味着温室气体的净排放量为零，或通过吸收和储存等方式平衡温室气体的净排放量，保证人类活动不会加剧气候变化。

　　在这里主要介绍一种弹性机制和碳抵消的方式，这个方式在《巴黎协定》中也有提出。主要是利用清洁发展机制、联合实施和碳交易等弹性机制，可以与其他国家或者地区交易，其他国家或者地区减少温室气体排放以抵消本国或者本地区的排放，从而整体上达到净零排放。

　　海洋在气候中和过程中也起着不可替代的作用，其中海洋碳汇扮演着关键角色。海水是一种比热容十分大的液体，可以吸收来自大气的大量热量，从而帮助稳定气候系统。此外，海流也影响着碳输运与储存，同时还直接或者间接地影响海洋-大气系统，帮助调节全球气候。

然而，过度的人类活动导致海洋面临着一系列问题，如海洋污染、海洋酸化、海平面上升和海洋生态系统被破坏。这些问题降低了海洋的碳汇能力和帮助气候中和能力，因此保护海洋迫在眉睫。

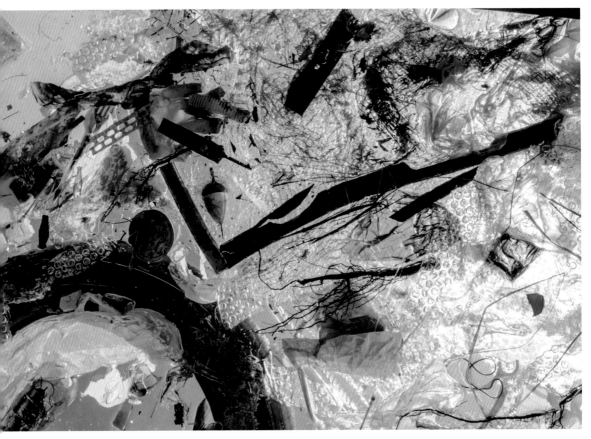

▲ 海洋垃圾造成海洋污染

第二章

碳达峰与碳中和

17

什么是碳达峰、碳中和?

碳达峰是指一个国家或地区的温室气体排放达到最高值并稳定下来，随后开始逐渐减少。该国家或地区的温室气体（主要指二氧化碳）排放量最终将会降低到一个比较低的水平，与环境相适应。

碳达峰是碳中和的关键步骤，是应对气候变化的重要目标之一。我国政府设定了在2030年实现碳达峰、2060年前实现碳中和的目标，表明了我国作为一个负责任的大国，对世界气候变化问题的高度重视和积极参与。

碳中和是关于减缓气候变化的重要概念，起源于1997年伦敦未来森林公司的一项商业策划。这家公司用"碳中和"为商标，帮助顾客计算出一年内直接或间接产生的二氧化碳，然后让顾客以植树的方式，将这些二氧化碳抵扣掉，以达到顾客碳中和的目标。

随着世界各国对气候变化的重视，这个概念逐渐变得更加科学、准确。如今，碳中和指的是：某个地区在一定时间内（一般是一年）人类活动直接或间接产生的碳总量，与通过植树造林、工业固碳等吸收的碳总量相互抵消。

所以，碳中和并不是消除掉大气中的二氧化碳，更不是不排放二氧化碳，而是让人类处于二氧化碳的排放与吸收并存、两者动态相等的状态。

自从2020年我国在联合国大会上提出"努力争取2060年前实现碳中和"的庄严承诺后，碳中和这一概念在我国乃至世界范围内的热度空前提升。如今，世界多个国家和地区的政府都在努力实现碳中和，共同应对气候变化挑战。

18

为什么要实现碳中和?

在全世界范围内，实现碳中和对缓解气候变化带来的不良影响、增强环境可持续性、促进社会发展等方面具有重要意义。

正如第一章中所说，全球气候变化对人类社会和生态系统都带来了巨大的挑战，而碳中和的实现是减缓气候变化的重要举措之一。实现碳中和，可以控制大气中温室气体的浓度，遏制全球气温上升，减少极端天气事件的发生频率和强度，让地球实现长期的气候稳定。

在实现碳中和的过程中，保护和修复生态系统是必不可少的环节。在保护森林资源、自然栖息地等一系列过程中，有的污染会逐渐被修复，从而可以保持物种多样性，维护生态系统的稳定，增强环境的可持续性。

碳中和不仅对环境有益，还与社会发展密切相关。为了实现碳中和，科学家们需要研发相关技术，许多行业需要采用更加清洁的能源以及效率更高的能源利用方式。这些需求不仅意味着环保相关的科技将会得到飞快的发展，还创造出许多新的工作岗位，有利于社会的发展和稳定。

另外，实现碳中和是世界各国应对气候变化的共同责任。在这一点上，碳中和还有助于促进各个国家的合作和协调，共同制定减排目标和测定、交易标准，最终共同履行这份国际责任。

因此，实现碳中和不仅是应对气候变化的必要举措，也是保护环境可持续性、促进社会发展、加强国际合作的重要战略。世界各国政府、企业与个人都应积极参与和努力，共同为实现碳中和目标作出力所能及的贡献，让世界的未来更加美好。

什么是碳源和碳汇？

要想知道如何实现碳中和，首先要了解"碳源"和"碳汇"这两个概念。它们描述了在碳循环过程中，碳元素的流动方向和存储的地点。

碳源指的是向大气中释放碳的过程、活动或者机制。简单来说，就是温室气体的"排放机"。常见的碳源包括化石燃料的燃烧、工厂运转造成的气体排放、

🔺 传统能源——煤

森林砍伐和焚烧、农业活动、垃圾处理过程的排放等。

其中，化石燃料的燃烧是最主要的碳源之一，占全部碳源的 90% 以上。日常生活、工业生产中对于煤、石油和天然气等化石燃料的大量使用，使得巨量的二氧化碳源源不断地释放到了大气中。森林砍伐和焚烧也释放了大量温室气体。农业活动，如大田作物种植和牲畜饲养，也会释放甲烷等温室气体。

碳汇指的是通过植树造林、植被恢复等措施，吸收大气中的二氧化碳，从而减少温室气体在大气中浓度的过程、活动或机制。简单来说，碳汇就是温室气体的"净化机"。常见的碳汇包括森林、湿地、海洋、土壤和植被。

▲ 湿地

森林是最重要的碳汇之一。树木通过光合作用吸收大气中的二氧化碳，这些二氧化碳一部分转化为有机碳储存在木质部和树根等，还有一部分则通过枯枝落叶、树根的分泌物质等储存于土壤中。

小知识

　　森林在固碳过程中，也会释放一定量的二氧化碳。在20世纪70年代，有许多科学家开始质疑：森林有没有可能反而是碳源？后来经过一系列严谨的论证，科学家最终证明了森林是最重要的碳源之一。

湿地和海洋也是重要的碳汇。湿地包括沼泽、河流、湖泊和沿海湿地等，能够吸收大量二氧化碳，并将其储存在土壤和植物中。海洋则通过藻类和珊瑚礁等，将大量来自陆地和大气中的碳固定在海底。这些生态系统对于减少大气中的二氧化碳含量发挥着不可替代的作用。

碳源和碳汇的平衡对于实现碳中和至关重要。通过减少碳源的排放和增加碳汇的容量，可以降低大气中温室气体的浓度，减缓气候变化。

如何减排与增汇？

想要做好碳源和碳汇的平衡，最终实现碳中和，基本的手段就是减排和增汇。

减排，就是要通过降低二氧化碳等温室气体的排放来减少碳源以及碳源的

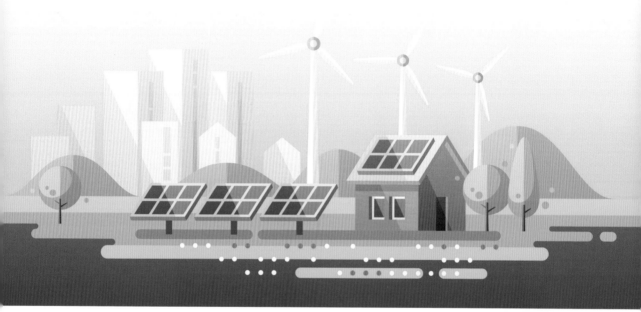

▲ 清洁能源示意图

排放量。一方面，我们可以推广清洁能源的使用，如太阳能和风能，以减少对煤炭、石油和天然气等化石燃料的依赖，进而减少因化石燃料燃烧而造成的温室气体排放。

另一方面，对于一些短时间内没有办法完成清洁能源替换的行业，可以通过优化工厂的生产流程、提高利用能源的效率、使用更加节省原料的新设备、运用节约能源的新技术等方式来降低能源的消耗。

此外，能源被利用后产生的二氧化碳并不一定全都要排放到环境中去。例如，一些工业企业采用新技术将产生的二氧化碳先用"网"捕获起来，再封存到特制的"监狱"里去，就可以做到减少二氧化碳的排放。

而对于其他温室气体，如农业生产过程排放的甲烷和氧化亚氮，则可以推广可持续农业实践，如精确施肥、水稻田间管理和畜禽粪便处理，以减少这些气体的排放。

增汇，是通过增加森林、土地和海洋等的生物体系的吸碳量来实碳汇的增加。

我们可以通过植树造林、严查乱砍滥伐等方式保证森林的面积；对于一些已经退化或者正在面临退化的森林，要及时救治与保护。

对于土地来说，应当做到发展城市绿化，改善农业和畜牧业模式，合理施肥，保持耕地覆盖，应用有机肥料等，促进土壤对碳的储存。

而对于海洋碳汇，则需要保护和恢复包括珊瑚礁、海草床和湿地等在内的生态系统，以提供更大的生物多样性和储存碳的能力；还要防止海洋污染和酸化，减少温室气体排放，保持海洋健康状态，实现海洋的增汇。

除了上述途径，还可通过碳交易、碳税等市场机制，来鼓励企业和个人减排和增汇，推动碳中和目标的实现。全球范围内的合作和交流也至关重要，各国政府应当共同努力，做到自身发展和减排增汇之间的平衡，一起创造一个更加清洁、健康和可持续的未来。

什么是碳净零排放？

碳净零排放也叫净零碳排放，"碳"指的是温室气体。碳净零排放是指通过各种技术手段来吸收温室气体，以平衡温室气体排放，使得整体碳净排放为零。虽然排放将继续，但温室气体可以被等量吸收，从而达到平衡。

要实现碳净零排放，需要采取一系列减排和负排放措施。减排措施包括提高能源效率、使用可再生能源、采用碳捕获与储存技术和碳替代技术等。负排放则是通过植树造林、土地利用变化、保护海洋环境、促进海洋碳汇和帮助海洋碳封存等方式来增加碳吸收。

▲ 碳排放电厂助力碳净零排放

我国在碳净零排放方面做出了一系列举措，包括开展低碳零碳负碳和储能新材料、新技术、新装备攻关；加强气候变化成因及影响、生态系统碳汇等基础理论和方法研究；推进高效率太阳能电池、可再生能源制氢、可控核聚变、零碳工业流程再造等低碳前沿技术攻关；培育一批节能降碳和新能源技术产品研发国家重点实验室、国家技术创新中心、重大科技创新平台。

什么是碳替代？

国务院印发的《2030年前碳达峰行动方案》提出："要坚持安全降碳，在保障能源安全的前提下，大力实施可再生能源替代，加快构建清洁低碳安全高效的能源体系。"

　　碳替代指利用低碳或零碳的产品来替代高碳排放的传统产品或能源。碳替代的"碳"指温室气体，而不只有二氧化碳，一般能用来作为碳替代的能源就是可再生能源，如氢能、潮汐波浪能、地热能。值得一提的是，碳替代不是只有直接的替代，还可以通过充分利用能源，减少浪费，以替代一部分本该排放的温室气体造成的高碳排放，因此工业余热利用也是一种有效的碳替代办法。

　　工业余热利用是指将工业生产过程中产生的余热、废热进行回收和利用，以减少能源消耗和环境污染的一种办法。工业余热利用有直接利用和间接利用两种方式，直接利用就是直接通过余热去帮助进行工业生产中的某一环节，而间接利用则有很多类型，一种是通过热交换器将高温废热转移到需要加热的介质上，如在电厂的烟气中回收热能来加热水或蒸汽；一种是通过储热罐或相变储热材料将高温废热转化为热能储存，从而达到间接利用余热的目的。

🔺 潮汐波浪能发电示意图

生活中比较常见的一种余热利用方式叫作热泵技术，即利用一种能够从低温热源中提取热量并升温到较高温度的热泵设备，将低温废热升温后用于供暖或制冷。离社区较近的热电厂常常会利用发电后的余热来加热供暖水，从而向城市中部分区域供暖。

关于碳替代技术，人们常常会有一些误区，如普遍认为电能就是清洁能源。实际上，电能一般是通过热力发电而来的，在此过程中不仅会有大量的能量损失和高碳排放，还可能导致一些环境污染问题。只有提高能源转化效率才能更好地将热能转化为电能而没有太多的碳排放。还有一种办法就是提高可再生能源发电的占比，使得电能真正变为清洁能源，替代高碳排放。

碳储量与碳汇量有何区别？

碳储量和碳汇量是描述碳元素存储和吸收能力的重要概念，两个词语看起来相似，实际上有所差别。如果把碳元素比作钱，把地球上的碳汇比作银行卡，那么碳储量就是银行卡中已有钱数，而碳汇量则是你每年能赚的钱数。

而准确来说，碳储量是指地球上各种储存形式中的碳元素的总量。它包括树木、草本植物、植物的掉落物和土壤（地下一米）生物量中储存的碳，以及地下矿藏、化石燃料等中储存的碳。

碳汇量是指能够吸收和储存二氧化碳的地点、生物体系或自然过程，也就是说地球系统中能够吸收和固定碳元素的容量。

不难发现，碳储量是一个静态的概念，而碳汇量是一个动态的概念。碳储量和碳汇量之间存在一定的联系，但并不完全对应。用碳储量描述地球系统中碳的总量时，不考虑碳的来源和去向；用碳汇量描述储存碳的能力时，不考虑总量。

有趣的是，一些储存形式的碳元素具有双重性质：既可以是碳储量，也可以是碳汇量。例如，一定时间内某一森林生态系统储存碳元素的增加量，既能作为陆地生物圈中碳储量的一部分，又代表着森林生态系统的碳汇量。

了解碳储量的分布和变化对于研究碳循环、气候变化以及碳管理具有重要意义。例如，研究地下矿藏和化石燃料的碳储量可以帮助我们评估可再生能源的发展潜力，规划能源结构转型。而了解碳汇量的分布和变化，对于评估生态系统的健康状况、帮助政府部门制定碳减排策略以及推动实现碳中和也具有重要的意义。

▼ 森林生态系统

碳汇为什么会损失?

尽管我们已经采取了许多措施来保护生态系统，碳汇的损失仍然频频发生。引发碳汇损失的原因主要有气候变化、自然灾害、过度开发与过度排污等。

气候变化导致海洋升温、海冰融化，让一些海域发生海水分层，海水的流动性变差，难以向浮游植物提供养分，使碳汇减少。海洋酸化、海水缺氧等因素也会引发海洋植物数量的减少，使海洋碳汇遭到损失。

🔺 海冰融化

> **小知识**
>
> 不同深度的海水由于温度和盐度有所差异，密度会有所不同。当上层海水密度较小、下层密度较大时，称为稳定分层，这不利于海水的流动。极地地区的海冰融化会让海洋表面的水盐度降低，加剧稳定分层的形成。

自然灾害对植被碳汇具有明显的负面影响，破坏植株原本的生长环境和物种结构，导致生态系统不平衡而降低碳汇。如气温上升导致森林火灾风险增加，就严重破坏了森林生态，对森林的碳汇能力造成影响。

🔺 森林火灾

人们对自然资源的过度开发，如将潮汐沼泽改造成农田、水产养殖区或者居住区，都会导致沿海生态碳汇的损失。森林、草原、土壤等也都是重要的自然碳汇，但随着全球经济的快速发展，一些地区过度砍伐、过度放牧、过度开垦，使这些自然碳汇失去了其生态功能和碳汇潜力。

人类活动中产生的大量污染物未经适当处理而直接排放到环境中，同样会对碳汇产生严重的负面影响。排放到土地的污染物会加重土壤侵蚀，容易让土壤中的有机碳分解，释放出二氧化碳。人类生产活动中所产生的废水里含有各种化学物质，如农药、化肥。如果这些废水未经处理便排放到河流、海洋中，会破坏生物的正常生命活动过程，令水生生态系统失衡，从而降低了生态系统的碳吸收能力。

总之，全球碳汇正在不断地遭受严重损失。而碳汇减少，会进一步加剧气候变化，阻碍碳中和目标的实现。所以，要提高公众的环保意识、细化相关政策法规、推广新型技术，争取不断减缓碳汇损失。

什么是能源转型？

能源转型，是指人类面对全球气候变化等环境问题，加速推进清洁能源和可再生能源的发展，减少对化石燃料的依赖，实现能源的低碳、零排放、可持续生产和消费。

在过去几十年中，随着世界人口和经济的快速增长，能源需求不断增加，这就使得大量的化石能源被消耗，释放出大量温室气体，导致全球气候变化和环境污染等问题。因此，推进能源转型成为全球社会的共同任务。能源转型的主要方式包括提高能源效率、推广可再生能源、促进智能电网建设以及推动绿色金融发展。

▲ 热电厂

▲ 炼油厂

提高能源效率是能源转型的基石。高能效技术的发展越来越被世界各国所重视，如开发高效照明技术、建筑物隔热技术、能源回收技术。同时，政府也在细化能源标准，推出优惠政策，鼓励工业企业促进能源的高效利用。

▲ 节能灯

小知识

　　根据热力学第二定律，能源物质中储存的能量不可能完全被利用，一定会有大量的能量以热能的形式散失。目前，全球范围内发动机的热效率大都在45%左右。截至2022年，世界热效率最高的商业化柴油机和天然气发动机均由我国山东潍柴公司研发，热效率分别为52.28%和54.16%。

　　可再生能源是指自然界中能够更新的能源，如风能、水能、太阳能、地热能。这些能源可以在生产过程中部分甚至完全取代传统的化石燃料，减少二氧化碳的排放。例如，根据国际能源机构预测，2060年，全球1/4的减碳主要来自电气化的贡献。随着相关技术的成熟和推广，可再生能源得到了广泛的普及，包括推广风力发电设施、太阳能发电设施、新能源汽车等。

▼ 风力发电设施

　　智能电网是指将传统的物理电网同先进的传感测量技术、信息技术和控制技术等结合起来，实现能源更加持续、安全和经济的利用。搭建智能电网，能够简化能源管理流程、提高能源的生产和使用效率、降低能源成本，同时也能够监管能源的质量和安全性。

　　绿色金融是指将环境保护与金融业务相结合，发展具有良好环保效益的金融产品和服务，如资助可再生能源项目、减缓气候变化的债券。关于这一点，本书的第五章有更加详细的说明。

　　但不得不承认，能源转型是一个相当漫长而又复杂的过程，需要我们持之以恒地推进。而且，在能源转型的过程中，各个地区的发展情况和能源需求也在改变，所以需要制订灵活的能源转型方案，实现利益的平衡和可持续性的发展。

🔺 传统的物理电网

什么是低碳经济？

低碳经济，最早在2003年的英国能源白皮书《我们能源的未来：创建低碳经济》中提出，指的是通过技术创新、产业转型、新能源开发等多种手段，尽可能减少温室气体排放，达到经济社会发展与生态环境保护双赢的一种经济发展形态。

科学家已经证实，低碳经济能够改善全球变暖问题。发展低碳经济，意味着追求低能耗、低排放、低污染。低碳经济的内涵分为低碳生产、低碳流通、低碳分配和低碳消费四个环节。

低碳生产主要指减少生产所产生的温室气体排放和资源消耗。而低碳生产既需要"量体裁衣"，避免盲目扩大生产造成浪费，排放不必要的温室气体，又需要注重废旧资源的循环利用。

低碳流通是指减少能源在运输、仓储等环节中的碳排放和资源消耗。例如，通过集装箱、多式联运等高效率的物流模式，能够有效减少运输过程中的能源消耗和碳排放；还可以搭建电子平台，提高物流的可见性和智能化，减少不必要的运输和仓储环节。

低碳分配是指政府在制定政策的时候，对资源节约型、环境友好型的产业进行倾斜和优惠，而对传统的高污染和低附加值的产业给予限制，从而促进低碳经济的发展。

低碳消费是指在个人和社会层面上采取低碳的生活方式和消费习惯。这并不是鼓励大家减少消费，而是鼓励大家转变消费观念和消费结构，争取人人都能做到文明消费、绿色消费。购买节能家电、选用可再生能源产品、减少使用一次性制品、采取公共交通和非机动出行方式等，都是低碳消费的体现。

历史上，一些资本主义国家在发展经济的同时也造成了巨大的环境危害，付出了惨痛的代价。我国的经济发展不能走这种"先污染，后治理"的老路，而是要发挥制度的优越性，率先走出一条"低投入、低污染（甚至是零污染），高产出"的绿色发展之路。

🔺 多式联运

🔺 集装箱运输

什么是低碳城市?

低碳城市是指城市在经济高速发展的前提下，保持能源消耗和二氧化碳排放处于较低水平。这是实现城市可持续发展的必由之路。

除了我们在低碳生产中介绍到的几个方面，想要建设低碳城市，还要考虑绿色规划和绿色建筑两个方面。

绿色规划是建设低碳城市的第一步，主要包括产业规划和交通规划。产业规划就是要在源头上降低高碳排放产业的发展速度，加快淘汰高碳排放的工艺和设

▲ 公共出行方式——地铁

备的速度，提高各个企业的排放标准。交通规划则是需要倡导公交、地铁等公共出行方式，在规划阶段就建立好完善的公共交通网，让市民便于使用、乐于采用公共交通方式。

建筑领域是城市能源消耗和碳排放的重要领域之一，建筑施工和维持建筑物运行都会消耗能源、排放温室气体。因此，绿色建筑既需要为人们提供健康、高效的工作和生活空间，又需要最大限度地节约资源。而绿色建筑能够采用的节能技术主要有高效隔热、节能照明、智能控制等。

△ 绿色建筑

早在2008年，世界自然基金会（WWF）就在北京启动了"中国低碳城市发展项目"，与上海、保定的政府一同培训专职人员、选取试点建筑、打造示范基地，取得了良好的成效。此后，我国政府又在全国范围内分三批共批准设立了87个低碳试点区域，为全国低碳城市的广泛发展提供了良好的示范。

低碳城市建设是一个长期而复杂的过程，需要在不断的实践探索中寻找方法、优化方案。随着人口城市化程度不断提高，低碳城市建设已经成为一种时代潮流，为碳中和的实现带来了更多的机遇。

碳中和新兴技术有哪些？

前文已反复强调，为了实现碳中和目标，我们需要着重开发和推广各种新兴技术。下面，我们将集中介绍其中比较重要的几项。

核能技术。核能是一种清洁能源，通过转化核聚变反应释放的能量，能够保障电力的稳定供应，减少对化石燃料的依赖。为了实现碳中和，我国核能需要大规模发展，但面临的一个重大问题是铀资源供应不足，因此想要推广核能，还要努力提高铀资源的利用率。

氢能技术。氢能是指利用氢气作为能源的能源形式。氢气可以通过化石燃料提取、生物质转化等多种方式生产。使用氢气作为能源时，只会产生水蒸气，而不会产生二氧化碳等温室气体，实现零排放。因此，氢能被视为清洁能源，在交通、化工等领域具有广阔的应用前景。

生物技术。利用微生物的生命活动降低碳排放是一个热门的研究方向。例如，我国科学家使用合成生物学技术，首次研发出了以二氧化碳为原料，通过生物过程生产聚乳酸（目前最理想的替代塑料的可降解有机物）的技术。开采煤矿的时候，科学家们还开发了一种神奇的方法：利用微生物的生命活动将开采过程中产生的二氧化碳转化为甲烷燃料。此外，生物质能碳捕集与封存、人工光合作用等也都是目前研究的热门方向。

生态农业技术。农业生产也是碳排放的巨头之一，因此，在传统农业及常规农业基础上，发展起了新兴的生态农业技术。生态农业技术强调有机农业和多样

⬣ 核能发电厂

化种植，减少化肥和农药的使用，降低土壤碳排放；注重改善农田生态环境，包括运用生态灌溉、农田生态工程等措施，促进土壤碳固定；推崇农田轮作休耕制度，有效减少土壤侵蚀，提高土壤肥力，利于碳的长期储存。

人工智能和大数据技术也在碳中和方面发挥了重要的作用：通过智能监测，可以帮助企业精细化管理，优化生产流程，降低能源消耗和排放；通过精准调控，可以帮助农业生产精准施肥、精准灌溉，在最大限度地提高农作物产量的同时减少化肥的使用；通过大数据分析，还可以建立预测模型，减少运输储存过程中能源浪费和碳排放，提高资源利用效率。

除此之外，碳捕集、利用与封存（CCUS）将会在第四章进行介绍。以上这些新兴技术，均是助力实现碳中和目标的"强力武器"。接下来，我们还将介绍碳中和领域的"先锋行业"。

 有机农业

29

哪些行业是"碳中和先锋"？

在实现碳中和的道路上，许多行业积极响应政策，灵活采取对策，处于领先地位，称得上是"碳中和先锋"。

可再生能源的重要性我们已经介绍过，其对应行业也正在飞速发展。全球范围内，太阳能和风能等可再生能源装机容量不断增加，成本不断下降，逐渐有成

▼ 风能、太阳能发电设施

为主流能源的趋势。许多国家正在积极推动可再生能源的发展，出台支持政策并投资于相关基础设施建设。随着技术的进步和意识的提高，可再生能源行业有望成为未来能源格局的主导力量。

冶金行业历来是二氧化碳排放大户。据统计，钢铁和有色金属行业年二氧化碳排放量占我国总排放量超过20%，其中钢铁行业年二氧化碳排放量约14.5亿吨，有色金属行业排放量约为6.5亿吨。近年来，随着我国全面推进供给侧改革、加速淘汰落后产能、工艺水平不断提升，冶金行业逐步向碳中和迈进，甚至许多钢铁企业能够超前国家目标十年，即在2050年达到碳中和目标。

电动汽车的兴起推动了交通行业的碳中和进程。随着国家的政策倾斜，电动汽车得到了越来越广泛的普及，这对减少传统内燃机车辆带来的温室气体排放具有显著的积极作用。电动汽车带动了电池技术的发展，使得电池储能成本持续下

▲ 电动汽车

降，电池性能不断提升，进而又可以带动风能、太阳能等其他新能源的发展。

垃圾处理与废物回收行业的降碳潜力巨大。固体废物处理是重要的温室气体排放源，据科学家计算，其温室气体排放量约占全球总量的3.2%。促进餐厨垃圾分离、进行干湿垃圾分类回收、提高塑料与废纸的回收率，都可以大大降低和减少焚烧过程中的温室气体排放，对碳减排起到重要作用。此外，利用垃圾制取甲烷、肥料、饲料等技术，也能够大量减少工业中的碳排放，是垃圾处理行业的热门方向。

▲ 垃圾处理

▲ 废物回收

　　金融与投资行业看似与碳中和关系不大，实则是非常重要的"先锋"之一。通过引导资金流向低碳领域，支持可再生能源项目和碳减排等一系列措施，可以有效地促成碳中和目标的达成。有关这一点，我们将在第五章详细讨论。

全球有哪些国家提出了碳中和目标？

　　根据清华大学发布的《2023全球碳中和年度进展报告》，截至2023年9月，全球已有超过150个国家提出了碳中和目标，表明了其致力于减少温室气体排放并实现碳中和的承诺。

　　英国是第一个立法通过碳中和目标的国家。2019年，英国通过法律，正式确立将于2050年实现碳中和，成为第一个明确提出碳中和具体日期的国家。

▼ 过度排放导致严峻的污染问题

　　欧盟的多个成员国集体提出了碳中和的目标。2019年，欧盟委员会公布了"欧盟绿色协议"，其中提出了到2050年欧盟整体实现碳中和的目标。其中，芬兰计划将碳中和的目标从原先的2050年提前至2035年，并加大对可再生能源及氢能技术的投资和研发。

　　加拿大于2020年宣布将在2050年前实现碳中和，并在2021年更新了国家的气候目标，承诺到2030年将温室气体排放量削减至2005年的30%。

　　我国是最早宣布碳中和目标的国家之一。2020年9月，我国政府在联合国大会上提出："中国将提高国家自主贡献力度，采取更加有力的政策和措施，二氧化碳排放力争于2030年前达到峰值，努力争取2060年前实现碳中和。"

　　日本和韩国均在2020年宣布，将努力在2050年前实现碳中和目标。他们计划通过投资可再生能源、加强能源效率和推广新能源汽车等措施来推进碳中和的实现。

　　2021年1月，美国总统拜登签署行政令，宣布美国将重新参与《巴黎协定》，并提出美国将在2050年实现碳中和这一目标。

　　澳大利亚政府设定了到2050年实现碳中和的目标，并提出了在2030年前将温室气体排放量降低至2005年水平的50%至60%的中期目标。

　　新西兰等其他国家也宣布了类似的碳中和目标，或者制订了实现碳中和的中长期计划。尽管世界各国的碳中和目标和时间有所差异，但大都集中在21世纪中叶。

我国实现碳中和存在哪些困难?

实现碳中和并不是一蹴而就的,尤其对于正处于并将长期处于发展中国家的我国,碳中和的实现势必会面临着多种困难挑战,主要体现在以下几个方面。

经济发展压力。我国是发展中国家,可持续发展面临着巨大压力。我国经济对能源需求的强烈依赖和对高碳行业的广泛参与,是实现碳中和的主要障碍之一。对于我国政府来说,在碳减排和经济发展之间寻找平衡,确保经济的持续增长,同时实现碳排放的逐步降低,是一个极具挑战性的任务。

能源结构转型难度大。我国是全球最大的温室气体排放国之一,新中国成立后,我国经济高速增长,但也对石油、煤炭等传统能源高度依赖,造成了能源消耗和环境污染。在"双碳"目标确立的2020年,我国仍然大幅度依赖煤、石油等

▼ 石油化工企业及其存储设备

传统能源，清洁能源在我国能源结构中的占比仍然较小，仅有16%。要实现碳中和，需要从煤炭主导的能源结构向非化石能源为主的能源结构转型，这牵扯到许许多多的职能部门。

技术创新不足。碳中和相关技术的发展是实现碳中和目标的核心，但目前我国在相关技术的研究和开发领域普遍落后于一些发达国家，不足以实现大规模应用。一些大型仪器和高端设备也依赖进口，不利于我国自主化实现碳中和目标。因此，在相关的科研领域，需要更多的人才投入更加深层次的研究当中。

▲ 色谱仪

融资难度大。虽然我国已经出现了许多针对碳中和的节能减排项目，但这些项目是否稳定、能否盈利，大多还是未知数，难以吸引投资。因此，政府需要加大对低碳经济的资金和税收支持力度，鼓励社会资本参与，支持碳信用交易，着力于培育新的融资模式和投融资机制。

社会习惯改变缓慢。想要实现碳中和，不仅需要政府的坚定决策和大力推动，还需要广大社会民众的自觉行动。但目前，垃圾分类仅在少数城市得到严格执行，我国大部分民众尚未完全认识到碳中和的必要性和紧迫性，在节能减排、低碳生活等方面并没有形成普遍共识。因此，各级政府应进行公众环境教育宣传，通过一系列的宣传活动，致力于提高广大民众的环保意识。

长期以来，我国在环境保护和可持续发展方面走过了一段艰辛的道路，而在碳中和目标提出的当下，我们又将迎接崭新的挑战。但不论前方有怎样的困难，

 使用清洁能源，托举美好明天

我国作为一个对人类命运共同体高度负责的大国，一定会逢山开路，遇水架桥，保质保量完成碳中和的庄重承诺。

32

我国碳汇管理保护的政策和法律法规有哪些？

作为负责任的大国，我国在实现碳中和目标的道路上从来都是小心求证，大胆落实，以实际行动在全社会层面推动碳中和的进程。

针对碳中和目标，我国已经出台了《中共中央国务院关于完整准确全面贯彻新发展理念做好碳达峰碳中和工作的意见》《科技支撑碳达峰碳中和实施方案》

等一系列政策，修订或颁布了《中华人民共和国节约能源法》《碳排放权交易管理办法（试行）》等一系列法律法规。其中，碳汇管理与保护相关方面的政策和法律法规现已相对完善。

《中华人民共和国环境保护法》第八次修订后自2015年1月1日起施行。该法规定了环境保护的基本原则和责任，其中包括保护和恢复生态系统的规定，为碳汇管理提供了总的法律依据。

《中华人民共和国土壤污染防治法》2018年通过后自2019年1月1日起施行。该法规定了对土壤污染进行防治的责任和措施，包括修复生态系统、保护和促进土壤碳汇的相关规定。

《中华人民共和国森林法》2019年修订后自2020年7月1日起施行。该法明确了国家对森林资源的保护和管理责任，包括加强森林资源保护、促进森林可持续经营、推动森林生态系统修复等内容，有助于森林碳汇的管理保护。

《中华人民共和国湿地保护法》2021年通过后自2022年6月1日起施行。该法明确了湿地的保护范围和保护目标，要求开展湿地保护与恢复工作，促进湿地生态系统的恢复和湿地碳汇的增长。

△ 土地污染前后对比示意图

△ 湿地环境

《中华人民共和国海洋环境保护法》2023年新修订后自2024年1月1日起施行。该法规定应当划定和严格保护海洋保护区，禁止或限制可能损害海洋碳汇的人类活动，同时大力支持海洋科学研究，以更好地了解海洋生态系统的功能和人类活动对其影响，为海洋碳汇的保护提供依据。

除了以上法律法规，我国还颁布了《可再生能源中长期发展规划》《高效照明产品推广补贴资金管理暂行办法》等，推动相关低碳技术的发展；积极参与国际谈判和合作，推动全球碳市场建设和碳汇管理机制的建立等，努力推动碳中和目标的实现。

33

实现碳中和，应提倡哪些生活方式？

实现碳中和是全人类的共同目标，不只需要政府的指导与企业的支持，更重要的是全民参与。

节约用电。使用高效节能家电、避免"长明灯"和设备的长时间待机；在使用制冷或供暖设备时，合理控制温度，使用节能运作模式，都是节省能源的有效方法。

低碳出行。私家车的使用在促进城市建设和发展的同时，也带来了高额的碳排放和能源浪费。因此，应尽可能选择步行、骑自行车或乘坐公共交通工具出行。

采用清洁能源。可以优先考虑购买环境友好型的家电等家用品，如新能源汽车、太阳能热水器、利用光伏电池的充电宝。

低碳饮食。人们可以通过选择本地生产的和季节性的食材，减少食物运输距离，从而减少碳排放量。

促进废物回收。垃圾分类和回收是降低碳排放量的重要途径之一。可以减少使用一次性制品，采用可循环利用的购物袋、包装盒和水杯等；在处理日常垃圾时正确分类，对于废旧的纸张、金属、塑料瓶等，可以收集后联系回收人员进行处理。

低碳购物。在购物时，关注产品的生产方式和包装材料，尽量选择环保产品；优先选择二手商品或共享经济平台，可以延长商品的使用寿命，减少对新产品的需求，减少生产带来的碳排放量。

⬤ 低碳出行

此外，我们还可以参与植树造林、公益捐款等活动，汇集每一个人的力量，凝聚成强大的合力，坚定不移地向碳中和的未来迈进。

第三章

海洋碳汇

什么是海洋碳汇（蓝碳）？

海洋碳汇，也被称为蓝碳，是指通过海洋生态系统吸收和储存大量二氧化碳的过程。蓝碳在应对全球气候变化、促进碳循环过程中起到关键作用。红树林、海草床和盐沼是公认的三大滨海蓝碳生态系统。

许多学者将蓝碳界定为滨海生态系统固存的碳，广义的蓝碳还包括海水养殖等过程中所固定的碳。蓝碳主要依赖植物通过光合作用将二氧化碳转化为有机物质，并将其储存在其组织里，有机物质最终进入海洋沉积物中形成碳库。此外，海洋中的一些生物，如珊瑚和软体动物，也能通过吸收碳酸盐离子来促进蓝碳的形成。

▼ 海洋生态系统

海洋碳汇具有重要的生态和气候调节功能。海洋生态系统是地球上最大的碳汇之一，能够吸收大量的二氧化碳，帮助缓解人类活动导致的温室效应。蓝碳的积累为海洋生态系统中的生物提供了丰富的营养物质，维持了生态系统的稳定。此外，海洋碳汇还有助于调节海洋酸化，缓解全球变暖带来的不利影响。

然而，当前全球面临着一系列威胁海洋碳汇的因素。过度捕捞、海洋污染和过度勘探开发导致了海洋生物多样性的丧失，降低了海洋碳汇的能力。而全球变暖导致海洋温度上升和海洋酸化加剧，也进一步威胁到了海洋碳汇的形成和维持。

海洋碳汇作为重要的自然碳汇，对于应对气候变化和实现碳中和具有重要意义。在这一章，我们将逐个介绍海洋碳汇的相关知识。

什么是《蓝碳报告》？

《蓝碳：健康海洋固碳作用的评估报告》（简称《蓝碳报告》）是联合国环境规划署于2009年发布的一份重要报告。报告指出，海洋生物所吸收的碳占地球生物所吸收的碳的比例高达55%。其中，滨海生态系统，如海草床、盐沼和红树林生态系统，通过天然的生态过程可以有效吸收和固定来自大气中的二氧化碳。这些生态系统固定的碳在很长一段时间内不会重新释放到大气中，等同于通过其他渠道减少二氧化碳排放，起到减轻全球变暖的作用。

通过对不同区域代表性生态系统的考察与监测数据统计，这份报告初步估算了这些生态系统每年吸收的二氧化碳总量。例如，面积为1公顷的红树林生态系统每年可以吸收1吨至2吨二氧化碳。全球范围内，滨海生态系统每年吸收的二氧化碳总量可达10亿吨甚至更多，是一个令人振奋的数字。

《蓝碳报告》还指出，人类过度开发与破坏会导致这些生态系统面积缩减和功能下降，从而使其碳储存功能降低。报告建议，我们应加强海洋环境保护，恢复已受损的生态系统，以发挥它们在实现碳中和目标中的重要作用。

36

红树林如何发挥固碳作用？

红树林是生长在热带、亚热带海岸潮间带或河流入海口的湿地木本植物群落，红树林生态系统是全球生产力最高的生态系统之一。

红树林生态系统具有很高的初级生产力。初级生产力是指生态系统中的植物在单位时间、单位面积上所产生的有机物质的总量，一般用每天、每平方米有机碳的含量来表示，是一项可以反映生态系统固碳能力的指标。据科学家们保守估计，全球红树林生态系统平均每年通过初级生产力固碳高达218吨，具有极高的价值。

红树林生态系统还具有很高的碳埋藏能力。在热带地区，高温多雨气候条件下生长的红树林十分高大，对应的根系也十分发达，最深的根甚至可深入地下20米。红树林发达的地下根系代谢产物，使得土壤层中富含有机碳，也就意味着使土壤中具有很高的碳储量。尽管红树林只占全球海岸带面积的0.5%，但红树林生态系统所能埋藏的碳却占全部海岸带碳埋藏总量的10%~15%。

红树林

神奇的是，研究发现，全球变暖反而有利于亚热带红树林的生长扩张，相应地增加了其储存碳的能力。这也从另一个方面证明，大自然是具有一定的自我调节能力的。但是，人们的破坏力却远远大于大自然的自我调节能力。在过去的一个世纪，全球约有67%的红树林遭到了不可逆的破坏，如果按照这种趋势继续发展，全球的红树林将在100年内全部消失。因而，在全球气候变化的背景下，保护红树林，恢复并扩大其对环境的贡献势在必行。

37

海草床如何发挥固碳作用？

海草通常生活在潮间带和潮下带的浅水区域，是一种广泛分布于热带以及温带海域的沉水性被子植物。而海草床通常分布于热带和亚热带海域，为许多海洋生物提供了栖息地和食物来源。

据科学家统计，全球海草床面积不到海洋总面积的0.2%，但全球海草床沉积物中的有机碳储量为9.8~19.8 Pg碳（1 Pg=10^{15} g），每年封存于海草沉积物中的碳相当于每年全球海洋碳汇的10%~15%。因此，海草床对海洋生态系统的稳定和海洋碳循环起着至关重要的作用。

🔺 海草床

海草床能够发挥固碳作用，主要体现在海草植物的光合作用。科学家发现，海草固定的碳远远大于其自身所需要的碳，多余的有机碳大部分被运输到海草的根及根状茎，最终通过环境作用将有机碳固存于沉积物中。

海草较为发达的地下结构还能够固定并稳定有机物质，防止其被水流冲走或氧化分解，从而长期保存碳元素，使得沉积物层中储存了大量的有机碳，形成可观的"蓝碳库"。

另外，海草床还会影响周围水体的碳循环。海草床内的生物活动和有机物质的分解也可以在一定程度上影响周围水体的碳平衡，尤其是与其协作的微生物，最终吸收并固定更多的二氧化碳。

国内外学术界对海草床沉积物有机碳来源、储量以及影响因素等方面已经展开了很多研究，但是目前还未有较为充分的认识和管理，部分地区的海草床面临着严重的生态破坏。海草床在退化后，甚至有可能从吸收二氧化碳的碳汇转变成排放二氧化碳的碳源。

盐沼如何发挥固碳作用？

盐沼是一种特殊的湿地生态系统，通常位于海岸线附近，受海洋潮汐所影响，由盐生植物和咸水构成。盐沼生态系统是地球上的高生产力生态系统之一。

盐沼具有很高的固碳能力，能够捕获和储存大量的二氧化碳，每年每公顷盐沼可以埋藏168万克的碳，比陆地森林生态系统所埋藏的高约40倍。

▼ 盐沼

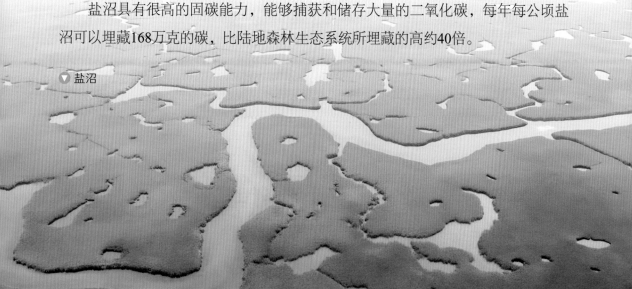

　　在盐沼中，潮汐的周期性涨落导致湿地地表和地下水位不断变化，这种独特的环境条件塑造了盐沼独特的生态系统。

　　盐沼中的盐生植物起着至关重要的固碳作用。这些植物能够耐受高盐度的土壤和水域，通过光合作用吸收二氧化碳并将其固定为有机物质。这些有机物质在植物凋落物和根系的分解过程中，被储存在土壤中，并因为湿地环境的低氧和酸性环境而不易分解，从而长期保存有机碳。据科学家计算，在盐沼中，地下根系和土壤碳库的储碳量通常能够占整个盐沼生态系统碳库的80%以上。

　　盐沼的沉积作用也对固碳起着重要作用。湿地内的有机物质会沉积到湿地底部，与其他沉积物一起形成泥炭等沉积层，这些沉积物中富含大量有机碳，因此盐沼成为巨大的碳储库。

▼ 盐沼中的代表性植物——芦苇

此外，盐沼还有助于阻止有机碳氧化分解。盐沼植被和盐沼底部的微生物活动会减缓沉积物中有机碳的氧化速率，使得更多的碳得以长期保存。

值得一提的是，互花米草作为一种入侵生物，能够在盐沼中顽强存活并繁殖。互花米草有着强大的光合作用能力，看上去似乎可以提升盐沼的碳储量。但实际上，互花米草的入侵也会改变原有的底栖生物群落、微生物群落的结构，可能会释放出更多的甲烷气体，最终影响周围环境中的碳循环。因而这一入侵物种对蓝碳的影响尚未可知，科学家们也正加快对其的研究。

总体来说，盐沼作为重要的海洋碳汇，通过盐生植物的光合作用、有机物质的沉积和长期保存等多种方式，发挥着重要的固碳作用。由于高盐碱度的土地利用价值相对较低，盐沼的人为破坏和退化比起红树林和海草床相对轻一些，但其恢复与重建也仍然迫在眉睫。

蓝碳储量如何计量核算？

为了政府更好地对蓝碳资源进行监督管理，尽早推出相应的标准和政策以对海洋生态系统的蓝碳储量进行定量研究十分重要。科学家们使用了多种方法对蓝碳进行计量核算，主要有碳通量测量、碳库测量、野外控制实验、模型研究四种。

碳通量测量有两种方法，分别称作密闭箱法和涡度相关法。密闭箱法是利用一定大小的透明黑色箱子盖住植被或土壤，除了通过气泵连接二氧化碳气体测量仪，其他部分完全密闭，利用测量仪测量内部二氧化碳浓度单位时间的增加，推算出二氧化碳通量。涡度相关法则适合于更大面积范围内的测量，是依据计算公式，对相应监测站给出的数据进行数据拟合。

碳库测量主要分为植物碳储量和土壤底泥碳储量。植物碳储量的测量是通过将植物放至80℃条件下烘干称重，再乘以换算系数所得到；而土壤底泥碳储量可以通过总碳分析仪测定。不过目前碳库的测量应当使用多深的土壤还没有明确的标准，所以不同深度的土壤测量的结果可能有所不同。

野外控制实验是在野外人为改变某一类或多项环境因子，通过与对照组的比较，来研究生态系统针对这些因子变化做出的反应，并最终确定一系列参数，方便构建精准的数学模型或为政策制定提供参考。例如，科学家们通过野外控制实验，发现适当升温和减少降水可以提高盐沼湿地的植物量，利于盐沼湿地固碳量增加。不过，野外控制实验的成本一般都比较高，红树林和海草床生态系统比盐沼生态系统更复杂，所以相关的研究还十分不足。

模型研究是指科学家们通过建立数学模型，计算并预测未来几年甚至几十年的碳储量数据。模型的建立有赖于前几种方法提供的相关参数，而且要经过漫长的精细化修改过程。

什么是渔业碳汇？

渔业碳汇是指通过渔业生产活动促进生物吸收并固定二氧化碳形成的碳汇，这类渔业生产活动以非投饵料的贝类和藻类养殖为主。尽管渔业碳汇未被正式纳入国际蓝碳清单，却有很大的增汇潜力，广义上也应属于蓝碳范畴。

人工养殖的经济海藻多以海带、裙带菜、紫菜、江蓠等为主。这些大型藻类的养殖成本低、产量高、可控性强，并且其固碳量便于核算，因而养殖这些藻类是发展低碳经济、实现碳中和的有效手段。科学家们估算，这些海藻平均每年能够固碳29.14万吨，是个十分了不起的数目。

▲ 海藻养殖

　　人工养殖的贝类有牡蛎、扇贝、蛤蜊、海螺、鲍鱼等。贝类有两种固碳方式：软体组织生长和贝壳形成。贝类通过滤食水体中的悬浮颗粒有机碳，可以促进软体组织的生长；软体组织的外套膜进行一系列的分泌活动，最终会形成贝壳。养殖贝类中贝壳约占总质量的60%，其中碳酸钙高达95%。据科学家计算，海洋中每生产1吨贝类，光是贝壳就能够固定二氧化碳当量0.25吨。

⚪ 各式各样的贝壳

　　《2022年全国渔业经济统计公报》显示，我国海水养殖面积为2074.42千公顷，其中贝类和藻类养殖面积合计占比近七成；海水养殖产品2275.7万吨，其中贝类和藻类占比超80%。这说明我国海水养殖业高度发达，渔业碳汇具有极大的潜力。但目前，我国海洋渔业碳汇的发展还处于初级阶段，在理论基础研究方面还存在很多不足，例如目前还没有统一的普适性计量和测算方法。

海洋中还有哪些碳汇?

海洋是大气二氧化碳最大的汇。海洋碳库是大气的50倍、陆地生态系统的20倍。全球大洋每年从大气吸收二氧化碳约20亿吨,相当于全球每年二氧化碳排放量的三分之一左右。想要实现如此之高的固碳能力,除了前文提到的三种生态系统和渔业碳汇,海洋中还存在许多其他吸收碳的"能手"。

例如,珊瑚礁也是海洋碳汇之一。珊瑚礁体的主要成分是碳酸钙,珊瑚虫的肌体主要是有机碳。同时,珊瑚礁是各种藻类发育的良好藻床,也是各类底栖、游泳动物繁殖、生长的场所,因此珊瑚礁的固碳作用非常重要。随着海平面变化,珊瑚礁埋藏后可直接转换成石灰岩,成为永久固碳的最佳方式之一。

▼ 珊瑚礁生态系统

生物泵、碳酸盐泵主要是通过各种物理、化学和生物过程，制造浓度差，源源不断地从大气中"抽取"二氧化碳并储存起来，对此将在第四章进行详细介绍。

海洋中的碳沉积也是重要的碳汇。当一些海洋生物死亡后，它们的尸体会沉积到海底，最终形成有机碳的沉积物，如"海洋雪""鲸落"等现象。这些沉积物沉积到海底后，可以达到长期储存碳的效果。经过漫长的地质时间后，它们还可能会转化成石油、天然气等化石燃料。

小知识

"海洋雪"不是我们见到的雪，而是海洋表层生物及其排泄物、死亡后的残体以及这些有机物质在水中形成的聚集体，在水体中像雪花一样缓慢下沉的现象。"海洋雪"主要来源于生物活动产生的有机物质以及颗粒物的物理及化学反应。这些有机物质在海洋表层形成微小颗粒，在物理、化学和生物作用下，这些颗粒会聚集成更大的颗粒，形成"海洋雪"。

总的来说，海洋中的碳汇丰富多样，了解这些碳汇对于深入理解海洋对全球碳循环的调节作用及海洋在碳中和历程中的作用具有重要意义，也有助于我们更好地保护海洋生态环境，应对气候变化带来的挑战。

海水富营养化如何影响海洋碳汇？

富营养化是指海洋中氮、磷等营养物质含量过高，导致微藻等浮游生物过度繁殖，从而导致水质下降的现象。近几十年来，各种人为活动加速了近岸海域的营养物质输入，改变了水体的营养成分，使有机物（特别是藻类）在水域中快速累积，并造成一系列不良影响。

富营养化导致的藻华看似带来了更多能够进行光合作用的藻类，能够固定更多二氧化碳，但实际上这是一笔"糊涂账"。大量的藻类会直接覆盖海洋表面，遮挡进入海水的阳光，导致水体缺氧，鱼类和海中的其他植物就会因此而死亡，这十分不利于长期的碳固定。

海水富营养化还会增加海洋中的有机碳含量，而这些有机碳在分解过程中会释放二氧化碳，改变海洋生态系统的碳循环，还会促进海洋酸化，对整个海洋生态系统产生不利影响。

▲ 浒苔藻华

在物理层面，海水富营养化引发的藻华覆盖还有可能会影响海洋表面的反射特性，改变海洋的吸收和反射太阳辐射的能力，甚至会对全球气候产生一定影响。

因而，海水富营养化对海洋碳汇会产生种种不利影响，严重危害着海洋生态系统的健康。所以我们应当减少陆地径流中的养分输入，控制人类活动引发的养分排放，加强海洋保护和管理，以维护海洋生态平衡和全球碳循环的稳定。

什么是海洋酸化？

据统计，自工业革命以来，海洋大约吸收了人类向大气排放二氧化碳的1/3。海洋虽然能够从大气中吸收大量二氧化碳，但这一过程本身也对海水有一些不利的影响。

近几十年来，科学家们观测到了一种令人担忧的状况：随着大气中二氧化碳浓度的持续增高，海洋也会不断吸收二氧化碳，越来越多的二氧化碳吸收量最终改变了海洋自身的某些化学平衡，导致海水pH下降，引起海洋酸化。

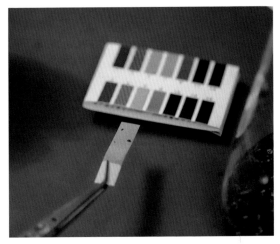

⊙ pH试纸

小知识

　　"酸化"中的"酸"并不是我们常说的酸甜苦辣咸这种味觉上的酸，而是指酸碱性这种化学性质。我们常用pH（溶液中氢离子活度的负对数）来表征酸碱性，酸化是指海水的pH下降。

海洋酸化对海洋碳汇有何影响?

　　珊瑚和贝类首当其冲地受到海洋酸化的不利影响。海洋酸化会导致碳酸盐的溶解度降低，从而使珊瑚和贝类等生物形成外骨骼或壳体变得更加困难，可能导致它们的固碳能力减弱。生物泵、微生物泵等也会受到海洋酸化的不利影响，进而减缓海洋的碳汇效应。

　　据预测，海洋酸化还可能会对未来海洋中有机碳的循环产生影响。这将直接影响海洋对大气中二氧化碳的吸收和储存能力，进而影响深海沉积物的形成。

　　但是，海洋酸化对海洋植物的影响似乎比较微妙。科学家发现，海水酸化可以降低浮游植物光合作用时的能量消耗，进而提高固碳的效率；但也有研究证明，海洋酸化造成的海水pH降低会抑制一些海洋藻类的生理活性，从而导致其固碳效率下降。国内外许多科学家做了大量研究，但都多多少少受到一定的限制，所以关于海洋酸化对海洋植物的影响，我们还无法得到确切的答案。

海洋碳汇有哪些影响因素?

根据海洋碳汇的原理，大多数有机碳最终以沉积储存的形式形成碳库。有机碳沉积储存主要受初级生产力、沉积环境和水动力条件、沉积物物理性质、人类活动和物理化学条件五个方面因素的影响。

初级生产力是指生态系统中的植物群落在单位时间、单位面积所产生有机物质的总量。初级生产力因素决定了有机碳的来源。例如，红树林和海草床等滨海生态系统中植物丰富，初级生产力高，能够有效增加碳埋存量。

沉积环境和水动力条件影响的是沉积物中的有机碳含量。在氧气含量高的环境中，沉积物中的有机碳容易被氧化分解，导致碳埋藏效率降低；而缺氧区则不能将有机物质完全降解，这就使得更多的有机碳被埋藏。

🔺 海草床生态系统

🔺 黄河泥沙治理前后的明显变化

　　沉积物的物理性质，如孔隙度、紧密度、颗粒大小和形状，影响的是碳埋藏效率。例如，细粒沉积物中有机碳的保存效率较高，而粗粒沉积物中的有机碳更易氧化，使埋藏效率较低。

　　人类活动因素影响的是输入海洋的碳含量。化石燃料燃烧会导致大气中二氧化碳浓度增高，影响海洋中有机碳的分布和循环；建筑工程和排放有机废物也会增加向海洋输入的有机碳。另外，黄河泥沙治理等工程可以减少有机碳向海洋的输入。

　　物理化学条件，如温度、盐度、溶解氧、pH，对海洋碳汇的影响是多方面的。海洋升温和海冰融化造成一些海域出现海水分层，导致海洋颗粒物运输效率变低，降低海洋生产力；海洋酸化造成海水pH降低、碳酸钙饱和度降低，也会降低初级生产力，从而对海洋碳汇产生复杂影响。

46

如何保护和修复海洋碳汇？

前文多次提及，由于气候变化以及人类过度开发等因素，红树林等海洋碳汇正遭受严重的破坏。随着人们对海洋碳汇越来越重视，保护和修复海洋碳汇也开始成为一个备受关注的问题。

建立保护区是最直接的保护方法，对于海草床、红树林这些重要的海洋生态系统尤其如此。保护区可以为生物提供更为安全的栖息地，促进生态系统的自我恢复和稳定，从而增强海洋的碳汇功能。

海岸生态系统的修复也是保护海洋碳汇的核心措施之一。通过植树造林、退渔还湿等一系列手段，可以增加这些生态系统的固碳能力，促进碳的沉积。

▲ 现已禁用的超密渔网——"绝户网"

减少渔业压力也是修复海洋碳汇的关键一环。过度捕捞会破坏海洋食物链，影响生态平衡，从而降低海洋生态系统对碳的吸收和存储能力。通过实施可持续的渔业管理措施，如设定合理的捕捞配额、调整禁渔期和保护禁渔区域，可以帮助维护海洋生态系统的健康状态，增强海洋生态系统的碳汇功能。

限制陆地污染也对海洋生态系统的保护至关重要。人类工业生产、农业活动产生的有机污染物经由河流最终汇入海洋，导致水体缺氧、富营养化等问题，影响海洋生物的正常生长和繁殖，减弱了海洋生态系统的固碳、储碳能力。提高污染物排放标准、加强生产管理、推广绿色农业等措施，都是减轻陆源污染对海洋生态系统固碳能力损害的有效手段。

当然，科技创新也是修复海洋碳汇的重要途径。我们应当加强海洋生物学、海洋环境学等学科的研究，培育更多可利用的生物品种，开发更多高效的海洋碳汇修复技术。例如，利用生物工程手段改良海洋植物，提高其固碳能力；通过海洋生态系统工程进行人工造礁和海草床的恢复建设，增强海洋生态系统的碳汇功能。

▲ 人造岛礁

当然，保护和修复海洋碳汇还需要全球合作。人类只有共同努力，才能保护海洋生态系统，维护全球碳平衡和气候稳定。

为什么南极地区的蓝碳在增加?

　　南极地区是对全球气候变化最敏感的区域。前文已经介绍,随着全球气候变化,南极地区出现了严重的冰川融化现象。但事实上,这并不完全是一种灾害,而是可以理解成对气候变化的"阻碍效应"。

　　原来,气候变化导致南极地区的海冰不断消融,南大洋的海冰覆盖面积大幅减少,这反而为浮游植物的生长提供了更适宜的温度与光照,使其能够大量繁殖,从而能够固定更多的碳。

小知识

　　在我们的常识中,地球拥有四个大洋。但在海洋学等一些科学研究中,我们通常会引入"南大洋"的概念。南大洋也被称为南极洋或南部大洋,位于南半球,被南美洲、非洲、澳大利亚和南极洲所环绕。因为南大洋有不同于其他大洋的洋流等条件,利于科学家们进行整体研究,于是被认为是"世界第五大洋"。

▲ 南极海域

除了海冰的融化，冰架崩塌与冰川退缩同样会为南极海洋浮游生物与底栖生物创造新的栖息地，完善南极地区的碳循环，使浮游植物固定的碳最终转移到海底并封存于海底沉积物中。

据科学家估算，在过去的20年里，南极周边海域的蓝色碳汇翻了一番，南极水域每年吸收的碳大约比释放的多5.3亿吨；模型预测，南大洋吸收的二氧化碳约占全球海洋吸收碳总量的40%。

什么是海洋施肥？

海洋施肥是一种人为介入海洋生态系统的行为，即通过向海洋中添加营养物质，如铁、氮、磷，刺激浮游植物的生长，从而增加海洋生态系统对二氧化碳的吸收能力。

其中，铁元素施肥是研究的热门。铁是海洋植物生长发育所必需的元素之一。虽然铁是地壳中含量第四位的元素，但是海洋中铁的含量很低，尤其是一些离岸较远的海域，几乎只能靠海水中已有的铁进行循环。科学家们把这种因为铁元素供应不足而海洋初级生产力受限的现象叫作"铁限制"。

30多年前，有海洋学家提出了"铁假说"。他们认为在缺铁的海域进行铁施肥可以刺激浮游植物生长，从而更多地吸收空气中的二氧化碳，缓解全球变暖现象。为验证"铁假说"，自1990年以来，科学家在太平洋等海域进行了十几次铁施肥，确实观测到了初级生产力的提高。

然而，人工铁施肥的最终目的是改变气候，因此仅仅促进初级生产力是远远不够的，只有促进有机碳向深海的碳汇和封存才能够达到我们的目的。尽管相关实验表明海洋施肥可以促进浮游植物的生长，但这些浮游植物对二氧化碳的实际吸收量尚存在较大不确定性，部分研究结果甚至认为效果有限。

此外，海洋施肥可能会引发一系列意想不到的生态系统响应，甚至造成赤潮等环境事故。除此之外，海洋施肥还可能会导致跨国界的争端和冲突。当一个国家进行海洋施肥时，并不能确定是否会对其他国家的海域造成何种影响。

因此，海洋施肥仅能作为一项待选方法，想要真正投入实践，还有待进行更深入、全面的科学研究。

什么是人工海洋上升流？

人工海洋上升流技术是指通过放置自由潜在水中或系线的垂直海洋管道，使得深海（200～1000米）温度低且富有营养的海水向上流动至海面，从而为浮游植物提供更多养料，以刺激浮游植物的生长，提高海洋初级生产力。

这一技术的理论基础源自自然上升流现象。在一些特定地理条件下，由于地转偏向力和科氏力的作用，深层富含氮、磷等营养物质的海水得以上升至表层，为浮游植物的生长创造了良好的条件。人工海洋上升流即试图通过泵抽取底层海水，模拟加强这一过程，为改善海洋生态环境和应对气候变化提供新的可能性。

但是，这一技术也存在着广泛的争议。首先，抽取海水的管道通常为塑料

（聚氯乙烯）材质，这难免会因各种因素而遭到破坏，也会对海洋环境造成一些潜在的负面影响。其次，我们应该思考：抽取海水的能源从哪里来？如果这项技术实现后所储存的碳还比不上提供动力所释放的碳，那将得不偿失。

所以总的来说，人工海洋上升流技术虽然理论上可行，但仍面临着诸多挑战，包括技术成本、潜在的生态影响以及难以预测的环境效果等，需要进行深入的研究和全面的评估。

什么是海洋碱化？

海洋碱化听上去像是海洋酸化的反义词。实际上，海洋碱化不是一种现象，而是一种技术手段，它指的是向海岸或海水中投放碱性矿物粉末，使其与海水中的二氧化碳发生反应，形成稳定、可溶的碳酸氢盐，增加水体碱度降低氧分压，从而达到使水体吸收更多二氧化碳的目的。

海水碱化所用的碱性粉末一般是橄榄石、生石灰、熟石灰等。这些碱性矿物的投放不仅能够促进海洋吸收更多的二氧化碳，同时也确实起着中和海洋酸化的作用，而且

▲ 石灰

其实施难度小、成本低，是一项性价比极高的措施。

但是，像前面所提的两项技术一样，海洋碱化也存在着一些潜在的风险和问题，目前同样没有大量投入应用。投放橄榄石等碱性粉末进行海水碱化的同时，也会有造成重金属污染的风险；短时间内投放数量较多的碱性粉末，也会较大程度地改变海水理化性质，对海洋生态系统造成不利影响。

总之，这项技术也仍处于实验阶段，其长期效果和潜在的副作用还需要进一步的研究和评估，以平衡气候变化治理和环境保护之间的关系。

什么是蓝碳生态产品？

根据国务院于2010年底印发的《全国主体功能区规划》，"生态产品"在狭义上指各类自然环境要素，如水、空气。但随着碳汇资源的开发越来越与经济相挂钩，生态产品在广义上还包括人类运用"环境友好型"生产方式获得的各类生态产品，如生态农产品、工艺品。

蓝碳生态产品分为生物资源产品和舒适资源产品。生物资源产品是指利用碳汇渔业、蓝碳生态系统中的生物开发出来的产品；舒适资源产品是指供人们进行旅游、娱乐和度假等，能够满足人们精神和物质需求的服务产品。这些产品都具有一定的经济属性，需要人们开发和保护。

▲ 生物资源产品——海胆

▲ 生物资源产品——海参

▲ 舒适资源产品——海钓

研究人员估计，海洋为我国提供了超过20%的动物蛋白质食物、23%的石油资源、29%的天然气资源以及多种休闲娱乐及文化旅游资源。蓝碳生态产品通过保护、恢复或合理利用沿海、近海生态系统，实现对大气中二氧化碳的吸收和储存，并最终转化为高价值的商品或服务。这类产品的核心特点在于其与海洋生态系统的关联，以及对气候变化的积极响应。

随着全球气候变化问题日益严峻，蓝碳生态产品作为一种新兴的环境友好型产品，可以在服务消费者的同时，增加海洋生态系统的碳储存量，有助于减缓全球气候变化，为实现碳中和目标贡献力量。

同时，蓝碳生态产品还具有经济、社会和生态环境的综合效益。在经济方面，蓝碳生态产品不仅可以为当地创造就业机会，还可以促进当地经济结构的优化和升级，推动相关产业的发展。在社会方面，蓝碳生态产品有助于提升社区居民的生活质量，增进社会福祉，鼓励更多人参与海

▲ 舒适资源产品——海洋旅游

洋生态保护与管理。在生态环境方面，蓝碳生态产品的开发和利用有助于改善海洋生态环境，维护海洋生物多样性，促进当地生态平衡的恢复与稳定。

52

蓝碳生态产品发展有哪些困难？

蓝碳生态产品虽然有着光明的前景，但是由于概念提出较晚，其发展的道路尚且曲折。目前，蓝碳生态产品的发展主要面临着核算难题、市场难题、政策难题和管理难题等。

建立科学的核算核证体系，是蓝碳生态产品实现市场交易的关键环节。海洋生态系统的复杂性和多样性，给海洋碳汇的量化、监测和验证带来了一些挑战。因此我们需要让一些尖端的研究尽快应用到实际的核算中去，开展相应的制度规

范修订工作，加快蓝碳生态产品市场交易进程。

市场对蓝碳生态产品的认知程度不够是另一大困难。由于蓝碳生态产品属于相对新兴的领域，人们对这种似乎"素未谋面"的产品很难提起消费欲。因此，相应的广告宣传也是推动产业发展的一大重点。

政策支持不足也是蓝碳生态产品发展中的困难之一。我国虽已颁布《碳排放权交易管理办法（试行）》等规范，但仍存在一些空白和不足，无法满足多元化市场的交易需求。为解决这一问题，还需要进一步细化措施，建立完善的政策体系，包括减免税收、财政补贴、简化审批等，引导和鼓励更多社会资本参与蓝碳生态产品的开发和发展。

此外，蓝碳生态产品的协调管理难度大，也是制约其发展的因素之一。海洋生态系统涉及各行各业和许多行政部门，管理难度相对较大，各相关部门之间需要加强协调和合作，加强信息共享与沟通，推动蓝碳生态产品产业链的有序发展。

海岛碳中和示范区有哪些？（一）

海岛地区通常植被资源丰富，受到的人为干扰较少，有利于碳的吸收和储存。海岛地区还通常依赖旅游业和水产业等轻型产业，碳减排潜力大，且海岛地区相对独立的能源系统和较小的面积也使得碳排放监测和管理相对容易。因此海岛适合开展碳中和示范工作。

　　山东省青岛市的灵山岛省级自然保护区，是全国首个得到权威部门认证的自主负碳区域。灵山岛是北方第一高岛，也是青岛最大的海岛，距陆地约18千米，面积超过7平方千米，森林覆盖率超过80%，具有极大的负碳潜力。

　　2021年起，灵山岛保护区就与青岛科技大学等多家高等院校与机构进行合作，制订了《灵山岛省级自然保护区碳达峰、碳中和行动方案》。随后，在灵山岛上开展了一次大规模核查，摸清了岛上所有设施和人员的生产生活全过程碳排放情况，摸清了岛上森林的碳汇能力。

　　接下来，保护区开始大刀阔斧实施改造计划，通过实施煤改电、控制燃油车、退耕还林、太阳能照明、海水淡化等措施，让这座海上绿岛不断减少碳源、增加碳汇。此外，针对岛上的旅游业发展，保护区还特地开发了"碳普惠平台"微信小程序，引导居民和游客低碳生活、绿色出行。居民游客进行低碳行为赚取碳积分后，可以在"低碳商店"中兑换饮用水、太阳能充电宝等文创产品。

　　在2021年底，保护区交出了一份漂亮的"负排放答卷"：根据中国质量认证中心（CQC）认证，保护区2020年温室气体排放量为5668吨二氧化碳当量，因森林碳汇产生的温室气体清除量为7001吨二氧化碳当量，年自主负碳1333吨二氧化碳当量。

▲ 灵山岛

海岛碳中和示范区有哪些？（二）

灵山岛保护区成功实现"负排放"令人振奋。而在全国范围内，除灵山岛之外，还有许多海岛碳中和示范区。

浙江省台州市的大陈岛投运了全国首个海岛"绿氢"示范工程。自2021年来，大陈岛大力发展"绿氢"，实现了从清洁电力到清洁气体能源转化及供应的全过程零碳。截至2023年，大陈岛共有34台风力发电机，优化海底电缆，提高传输能力，每年富余5000多万度电，减少4.5万吨二氧化碳排放。

海南省三亚市的蜈支洲岛提出了"零碳景区"的方案。蜈支洲岛实施了景区增绿、雨水回收、新能源应用、海洋牧场碳汇建设、太阳能海水淡化等十项重大的碳中和工程，总计可实现每年二氧化碳减排量达21400吨，并将于2040年实现海岛碳中和。

福建省漳州市的东山岛以"法治蓝碳"著称。自我国提出碳中和目标以来，当地政府严格打击盗采海砂、非法捕捞、违法占海等行为，还开发了"公益先锋"手机App，便于动员广大群众举报不法行为。3年的时间里，当地政府共审查非法案件44件，挽回3019万元的损失，在海岛负排放的道路上越走越坚、越走越稳。

 非法捕捞方式——电鱼

此外，山东省烟台市的长岛、福建省莆田市的湄洲岛等，也都在碳中和的道路上积极探索。海岛地区的碳中和实践取得的一系列成功，为其他沿海地区提供了很好的示范作用。

55

为了发展蓝碳，我国发布了哪些文件？

继《蓝碳报告》后，《蓝碳政策框架纲要》《海洋及沿海地区可持续发展蓝图》等一系列国际文件相继发布，指导着世界各国对蓝碳的开发和保护。我国作为负责任的大国，始终不断制定措施，推出政策，成为国际蓝碳事业的领军者。

2013年，我国国家海洋局发布了《国家海洋事业发展"十二五"规划》，提出要保护与修复滨海湿地、盐沼、红树林、珊瑚礁和海草床等重要海洋生态系统，研究二氧化碳海底封存技术。

2015年，《中共中央国务院关于加快推进生态文明建设的意见》提出要通过增加海洋碳汇等手段，积极应对气候变化。这标志着我国率先将蓝碳保护与利用确立为国家战略，意义非凡。

2016年，《"十三五"控制温室气体排放工作方案》提出要加快研发重点领域的低碳技术，探索开展海洋等生态系统碳汇试点。

2017年初，我国政府向《联合国气候变化框架公约》秘书处提交了《中国气候变化第一次两年更新报告》，首次列举了我国为应对气候变化在发展海洋蓝色碳汇方面所做的工作，并将蓝色碳汇调查评估技术体系、蓝色碳汇贮藏能力提升技术体系、海洋二氧化碳海底封存技术三项技术需求列入中国减缓技术需求清单。

2017年6月，国家发展改革委、国家海洋局联合发布《"一带一路"建设海上合作设想》，倡议发起21世纪海上丝绸之路蓝碳计划，与沿线国家共同推动国际蓝碳论坛与合作。

2020年，自然资源部、国家林业和草原局制订《红树林保护修复专项行动计划（2020—2025年）》，明确要求浙江省、福建省等沿海省份的相关部门编制并尽快实施各地的红树林保护修复专项行动方案。

2022年，自然资源部批准发布《海洋碳汇核算方法》。这是我国首个综合性海洋碳汇核算标准，主要解决了海洋碳汇定义和量化这两个关键性问题。

2023年，自然资源部办公厅印发实施六项技术规程，对红树林、滨海盐沼和海草床三类蓝碳生态系统碳储量调查评估、碳汇计量监测的方法和技术要求做出规范，用于指导蓝碳生态系统调查监测业务工作。

我国蓝碳发展现状如何？

在我国政府的大力支持下，我国蓝碳事业发展的前景一片向好。据分析，我国海岸带总碳储量为13.87亿吨～34.90亿吨二氧化碳，年固碳量为126.88万吨～307.74万吨二氧化碳，未来增汇量可达602万吨二氧化碳，数额巨大。

我国是世界上少数几个同时拥有盐沼、红树林、海草床等蓝碳生态系统的国家。据统计：我国红树林总面积约为343.41平方千米，年均碳汇量为27.16万吨，高于全球平均水平；盐沼湿地总面积约为2979.37平方千米，年均碳汇量为96.52万吨～274.88万吨；海草床总面积230.6平方千米，年均碳汇量为3.2万吨～5.7万吨。其中，广东省红树林面积长期居于我国第一；海南省海草床分布最广，面积为48.6平方千米。

在渔业碳汇方面，山东、福建、江苏三个省表现最为突出，称得上是"渔业碳汇主力军"：山东省海水养殖面积大、海产品品种多；江苏省确定了海水养殖示范品种，走出了特色路径和模式；福建省积极响应政策，发展出巨大的产业规模。

△ 海水养殖

蓝碳在发展中存在哪些问题？

蓝碳的发展起步较晚，在发展过程中存在着各种各样的问题。

蓝碳面临着的最大问题是，靠滨海湿地等生态系统吸收的碳，在未来可能被重新释放到空气中。首先，植物在光合作用吸收二氧化碳的同时，也进行着释放二氧化碳的呼吸作用；其次，由于这些生态系统易受破坏，已固定的碳随时有大量重新释放到周围环境中的风险；最后，现实中的生态系统碳循环并没有理论中那么完美，一旦有过程受阻，也有可能将已固定的碳释放出去。

生态系统被破坏也是蓝碳发展面临的主要问题之一。据统计，全球目前每年平均有2%~7%的蓝碳正在消失，是其50年前消失速率的7倍；尤其是海洋植物群落，正在全球范围内以高于热带雨林2~15倍的速度消失，令人惊骇。因此，保护和恢复海洋生态系统是发展蓝碳的关键。

对于蓝碳的准确监测和评估是长期以来的难题。即使国内外在这一领域开展了数目繁多的研究，相关监测评估仍然存在一定的不确定因素，进而会影响一些蓝碳项目的有效性和可持续性。此外，蓝碳的发展还面临国际合作职责不清、公众认识尚不深刻等因素。蓝碳发展过程中存在的经济掣肘，将会在第五章着重介绍。

58

蓝碳与绿碳各有哪些优势和不足？

　　除了强大的固碳能力，蓝碳在保护生物多样性、缓解气候变化、稳定海岸线等方面也具有重要作用。首先，海洋生态系统具有较高的碳储存能力，特别是红树林、海草床等生态系统，在单位面积上可以储存大量的碳。其次，蓝碳生态系统对于维持海洋生态平衡和生物多样性至关重要，保护这些生态系统可以保护海洋生物多样性。此外，蓝碳生态系统对抗气候变化的适应性较强，例如红树林可以减缓飓风和风暴对沿岸地区的影响，同时还能够减少海岸侵蚀。

　　然而，蓝碳的不足之处也非常明显。蓝碳的监测难度较大，有时需要进行多方位立体调查观测，数据的不确定性相对较高；海洋生态系统易受到人类活动的负面影响，令蓝碳的稳定性受到一定程度的威胁；由于海洋连通着各个大陆，蓝碳又涉及跨国界的海洋生态系统，所以蓝碳的发展需要各国间的合作和协调，但由于国际合作难度大，因此蓝碳项目的推进受到一定的制约。

　　绿碳的优势主要体现在以下几个方面。首先，陆地生态系统相对容易进行监测和管理，科学家和环保组织可以通过遥感技术和实地调查等手段比较准确地评估和监测绿碳的储存情况。其次，植被的生长和更新速度相对较快，因此绿碳的再生能力强，有利于长期的碳储存和循环利用。

小知识

　　"绿碳"一般是指林业碳汇，具体含义是森林生态系统吸收大气中的二氧化碳并将其固定在植被和土壤中，从而减少大气中二氧化碳浓度的过程、活动或机制。

　　然而，绿碳也存在一些不足之处。首先，部分地区的绿碳生态系统受到森林砍伐、草原过度放牧等人为活动的影响，导致绿碳的减少和破坏。其次，一些天然灾害和气候变化等因素也会影响绿碳生态系统的稳定性，增加了绿碳管理的挑战性。

　　综上所述，蓝碳和绿碳各自具有独特的优势和不足之处。在未来的发展中，我们需要扬长避短，有目标地加强相关科学研究和监测手段，同时促进国际合作，以确保蓝碳和绿碳的可持续发展和有效利用。

▼ 海滨城市生态系统

第四章

海洋碳封存

什么是碳封存?

碳封存又叫作碳储存，是指将二氧化碳从大气中捕获并长期储存的过程。碳封存包括陆地碳封存和海洋碳封存。

陆地碳封存包括以下两种。

① 植物吸收：植物通过光合作用吸收大气中的二氧化碳，并将其转化为有机物质储存下来。同时这些有机物质还可以通过森林、草原以及农田等生态系统进行长期储存。

② 地下储存：人为将捕获到的二氧化碳气体注入地下岩石层或地下水层，使其被封存在地下数百年甚至千年，从而达到碳封存的目标。

▼ 植物光合作用和海水吸收封存二氧化碳

海洋碳封存也有两种。

一种是通过三大碳泵（生物泵、微型生物碳泵、碳酸盐泵）将大气中的二氧化碳输送到海底，从而长期封存二氧化碳在海底。一种是人为将二氧化碳注入海洋深处，通过物理和化学过程将其稳定储存。

⬆ **近海珊瑚礁帮助碳封存**

碳封存技术可以应用于不同领域，例如发电厂、工业生产过程和交通运输，还可以与其他减排措施（如能源转型、能效改进和可再生能源的推广）相结合，从而实现更加全面的减排目标。碳封存技术目前仍面临一些挑战，其中包括技术成本、储存容量和地质条件的限制，以及环境和社会影响的风险。

海洋中的生物如何影响碳封存?

海洋中的生物对碳封存起着至关重要的作用。这些生物包括浮游植物、浮游动物、底栖生物等。它们通过吸收二氧化碳、促进有机碳沉降储存以及影响海洋环境的化学平衡等方式,直接参与到海洋碳循环过程中,对全球碳封存产生深远的影响。

首先,海洋中的浮游植物是碳封存的主力之一。在海洋中,这类生物从表层水中以及大气中吸收二氧化碳,然后将其转化为颗粒有机碳。随着它们的生长和繁殖,这些颗粒有机碳被积累并沉积到海底,形成海底有效固碳的碳库。这一过程被称为碳泵,即将大气中的二氧化碳转化为颗粒有机碳,并将其储存在海洋深处。碳泵包括生物泵、微生物泵和碳酸盐泵。

其次,海洋中的浮游动物也对碳封存起着重要作用。这些浮游动物通过摄食海洋中的其他浮游生物和颗粒有机碳等方式摄入碳,然后将其转化为自己的生物质。当它们死亡或排泄时,这些生物质会沉积到海底,进一步促进了碳的沉积与封存。

此外,海洋中的底栖生物也扮演着重要角色。例如,海洋中的一些造礁珊瑚藻类和其他底栖生物会产生碳酸钙外骨骼,这些碳酸钙在它们死亡后会成为海底沉积物的一部分,从而将碳封存在海洋底部,这一过程大部分发生在浅海海底。

除了生物本身的作用外,海洋生物还通过影响海洋环境的化学平衡来间接影响碳封存。例如,海洋中的浮游生物的生长和死亡会释放出一些有机物或无机物,这些物质会影响海水的溶解态二氧化碳浓度和化学组成,进而影响碳的沉降和封存过程。此外，海洋生物也会影响海水的酸碱性，从而影响海水中碳酸盐的含量，进而调节海水中的碳的化学形式和封存过程。

　　总的来说，海洋中的生物通过各种途径直接或间接对碳封存产生着重要的影响。它们通过三大碳泵效应、颗粒有机碳沉积和影响海水的化学平衡等过程，共同推动了海洋碳循环过程中的碳封存。因此，保护海洋生物多样性、维护海洋生态系统的健康和稳定，对于促进海洋碳封存、减缓气候变化以及维护地球生态平衡具有重要意义。

▲ 珊瑚礁与海洋生物

什么是生物泵?

生物泵(Biological pump,BP)是指海洋生物通过生命活动,将二氧化碳转化成有机碳,通过食物链传递,沉积到海底储存起来的过程。生物泵的作用主要是通过二氧化碳的转化,实现碳的向下转移和营养盐的消耗,升高表层水的碱度,从而降低水中的二氧化碳分压,促进大气二氧化碳向海水中扩散。据科学家们估算,生物泵每年能够去除超过100亿吨海洋上层的碳,是实现海洋"负排放"的重要力量。

光合作用是生物泵的"吸水管",大气中的二氧化碳有一部分溶解在海水中,而海洋中的藻类等浮游植物可以吸收它们,通过光合作用,将二氧化碳转化为固态的颗粒碳。海水中的二氧化碳被浮游植物吸收,浓度降低,就又会源源不断地吸收大气中的二氧化碳作为补充。

食物链是生物泵的"输水管"。浮游植物被称为初级生产者,它们产生的有机碳通过食物链的传递,被其他海洋生物摄食和吸收。这些生物包括浮游动物(如浮游甲壳类、浮游鱼类)和底栖生物(如海绵、贝类、海胆)。当这些生物摄入浮游植物,它们会将颗粒有机碳转化为自身的生物质。当海洋生物死亡或排泄物沉积到海底时,这些物质含有的有机碳会随之沉降到深海底部,被长期储存。部分有机碳可能会被微生物降解,但仍有相当大的部分能够沉积并储存在深海沉积物中。

生物泵的最终目标是将大量的有机碳储存在深海沉积物中。深海沉积物主要由有机碳和无机碳(如钙质残骸)组成。这些沉积物会逐渐累积,形成深海沉积层，将大量的碳元素储存在其中。深海沉积层的形成速度较慢，但储存的碳量巨大，对全球碳循环具有重要影响。

总而言之，生物泵维持了海洋生态系统的健康和稳定。浮游植物为其他海洋生物提供了重要的食物来源，支撑了海洋食物链的运转。同时，有机碳的沉降也为深海生态系统提供了重要的营养物质。生物泵与全球气候相互影响，海洋表面温度的变化会影响浮游植物的生长和分布，进而影响生物泵的强度和效率。此外，由于生物泵是碳循环的重要组成部分，其变化可能对全球碳平衡产生重要影响。

62

什么是微型生物碳泵？

前文介绍了生物泵帮助海洋碳汇，但是科学家们研究发现，生物泵主要作用的海洋表层以下也有着复杂的碳汇机制，那这个机制具体是什么呢？经过多年的研究，我国科学家逐步认识到海洋生态系统中微生物对海洋碳库形成的重要作用。中国科学院院士焦念志提出了一个新的海洋储碳机制——微型生物碳泵（Microbial carbon pump，MCP），被国内外普遍认可，引领了该领域的国际前沿发展趋势。

那么，什么是微型生物碳泵呢？

微型生物碳泵是海洋中微生物、浮游生物在进行正常生理活动时吸收活性有机碳，然后将活性有机碳转化为生物不可利用的惰性有机碳的过程。

海洋中绝大部分有机物以溶解态存在，其中近95%是生物难以降解的惰性溶解有机碳。由于惰性溶解有机碳不容易被降解，可在海洋中保存5000年左右，因而可以逐渐积累形成巨大的碳储存库。

微型生物产生惰性溶解有机碳的机制分为主动机制和被动机制，一方面，微型生物在分解利用有机碳的同时，会合成分泌一些惰性溶解有机碳；另一方面，微型生物死亡或者被病毒裂解时，释放出的有机物组分也包含惰性溶解有机碳。除了由分子结构造成的惰性外，还有大量有机物由于浓度低于吸收阈值，难以被微生物再次利用，因而在海洋中长期存在。

据估算，海洋中储存的惰性溶解有机碳的量和大气碳汇相当。因此，海洋储碳潜力巨大，对于调节气候变化有重要作用。

什么是碳酸盐泵？

海洋中有生物泵来吸收转化表层海水的二氧化碳，有微生物泵帮助碳沉积到海底，但是主要作用都是合成颗粒有机碳，那么有没有一种方式是将二氧化碳转化为无机碳的形式固定下来呢？答案是有的，它就叫作碳酸盐泵（Carbonate pump，CP）。

海洋中的一些生物吸收二氧化碳，合成碳酸钙等碳酸盐，同时海水自身通过化学作用也能吸收二氧化碳合成碳酸钙，这一通过合成碳酸盐来固定二氧化碳的方式就叫碳酸盐泵。大气中的二氧化碳溶解进入海水中主要以三种无机碳形式存在：溶解在水中的二氧化碳分子、碳酸、碳酸氢根离子和碳酸根离子，其中碳酸氢根离子含量超过85%。早些年，科学家们认为碳酸盐泵是一个碳源，因为合成二氧化碳的过程在当时被认为是消耗碳酸氢根而又生成二氧化碳的化学反应。但碳酸盐泵的反应过程十分复杂，总体可以概括为吸收较重的碳同位素及释放较轻的碳同位素，并且是吸收两份二氧化碳后释放一份二氧化碳，因此碳酸盐泵其实是个碳汇。前人的误解是由于没有考虑到这一过程发生所处的海洋地球化学系统的复杂性。

碳酸盐泵主要涉及海洋中碳酸盐的形成、溶解和沉降过程，其作用主要体现在调节海水中的碳酸盐浓度、影响海洋的酸碱性质以及调节大气二氧化碳浓度。首先，大气中的二氧化碳通过海洋–大气相互作用进入海水中，在海水表层溶解，形成碳酸、碳酸氢盐和碳酸根离子等形式。在这之后，海洋中的一些浮游藻类和底栖钙藻在生长发育的过程中利用这些离子，以及吸收二氧化碳，从而生成钙质外壳。最后，这些生物的钙质外壳沉积到海底形成碳酸盐层。值得一提的是，碳酸盐泵还能帮助维持海洋碳循环的平衡，减少海洋酸化现象发生。这体现为在缺氧的沉积物环境中，反硝化细菌、硫酸盐还原菌等微生物的生理代谢过程可以提高间隙水的碳酸氢根碱度，促进海底自生碳酸盐沉积，从而减小海洋酸化的风险。

碳酸盐泵是海洋碳循环的重要组成部分，通过调节海水中的碳酸盐浓度、影响海水的酸碱性质以及对大气中二氧化碳浓度的调节，对稳定全球碳循环具有重要影响。

海洋碳封存技术有哪些？

海洋碳封存包括自然进程和人为干预。而海洋碳封存技术是一种人为干预技术，它主要分为两个大类：海水碳封存技术和海底碳封存技术。

海水碳封存技术的主要对象包括滨海、浅层海水以及深层海水，在滨海主要由滨海蓝碳系统起作用，在浅层和深层海水中则涉及较为复杂的碳循环机制。海水碳封存技术较为直接的方式就是将二氧化碳气体注入海水中，形成深层海水的海底碳湖；而另外一种间接的方式就是投放营养物质到浅层海水，使海洋肥化，增强表层海洋生物的光合作用，结合海水养殖来消耗这部分注入海水的二氧化碳，从而达到固碳的目标。

海底碳封存技术的注入方式是直接注入，将二氧化碳注入海底海床沉积物层中，使得其被以碳酸盐的形式封存在海底。海底碳封存技术将二氧化碳封存到海底并不是简单的封存，需要利用各种海底条件，保证二氧化碳不会因为泄露而重新返回大气。这就导致了海底碳封存技术的对象不是单一的，符合海底二氧化碳封存的地质层一般有海底盐岩层缝隙、海底油气资源开发后的油气储藏层和一些能够使得二氧化碳矿化的岩层。

海洋碳封存技术的流程有三步：第一步是对二氧化碳的捕获和处理，常用的捕获和处理方法有化学吸收、物理吸附、膜分离和生物吸收等。需要注意的是，为了防止二氧化碳泄露和方便将其注入海洋，通常需要对其进行压缩，使其变成液态或超临界状态；第二步就是注入封存，目前世界上的碳封存工程一般都是直接通过管道来进行注入；第三步就是监测和管理，监测方法包括测量二氧化碳的浓度和分布、检查碳封存区域的地质条件和水文学特征等，管理办法视工程具体情况而定。

　　海洋碳封存技术的种类并不多，但是碳封存工程要耗费大量的资源，所以在选择碳封存技术前需要做好各种评估。未来海洋碳封存技术研究的主要热点包括海洋碳封存的科学选址、海洋碳封存潜力和封存时间的评估技术与规范、高效二氧化碳注入技术、海洋碳封存示范工程、二氧化碳泄漏的检测技术与设备研发、二氧化碳泄漏防范与补救技术以及海洋碳封存的生态后效研究等。

🔺 海洋油气开发钻井平台

什么样的海水环境适合碳封存?

在海洋里，海水中的碳主要以碳酸根离子以及碳酸氢根离子的形式存在，浅海一般不满足这两种离子存在的环境，因此适合海洋碳封存的海水环境常常是深海环境。

首先，深海环境是高压低温的，这有助于将二氧化碳稳定地储存在海底，而且深海区域的海水密度较高，可以防止二氧化碳渗透到上层海水中，从而阻止二氧化碳重新逸散到大气中。高压低温还有助于将二氧化碳转化为超临界态或液态，从而增加其密度，达到重力稳定的状态，也就是负浮力状态，保证了二氧化碳被长时间固定在深海。

其次，在深海环境中，生物活动相对较少，这能减少其对碳封存的干扰，因为生物活动可能会干扰与生物过程相关的海洋碳循环。当然，不一定是深海条件，生物活动相对较少的其他海域也可能适合于碳封存。

最后，位于海床之下900米左右的位置的咸水层也适合于封存二氧化碳。咸水层具有一个穹顶式结构，就像一个倒扣着的"碗"，有助于把二氧化碳封存在"穹顶"之下。

总的来说，深层的海水环境才能普遍满足碳封存的条件，因此，人类在应用碳封存技术时一般都会优先考虑深层海水处以及深层海水的海底处。

小知识

当达到足够的海水深度时，二氧化碳会被水分子吸附笼罩，形成水合物。

什么样的海底环境适合碳封存?

海底碳封存是将二氧化碳从工业过程、能源利用或大气中分离出来，并注入海底深部地质体中实现二氧化碳永久减排的过程，是目前国际上最成熟的二氧化碳负排放技术之一。

在地球上，海洋和陆地都存在适合碳封存的天然地质储碳层，其中，海底的储碳层远多于陆地。海底适合碳封存的原因有两点：第一，深海的高压低温环境以及盐层能够牢牢地把二氧化碳束缚在海底，所以海底碳封存的稳定性很高；第二，海水在不断交换的过程中，由三大碳泵源源不断地把各种形态的二氧化碳输送到海底，而且海底的地质环境是相互联系的，能够很好地平衡分配在海底的"碳"。

海底碳封存一般是在有良好的密封性沉积物层、盐穴、岩石裂隙等海底地质结构中进行。如果人为利用岩石裂隙进行海底碳封存，就需要对地质构造进行详细的调查，以确保裂隙具有良好的稳定性、密封性和安全性。

盐穴是由盐岩形成的天然地下空洞，具有天然的密封性。

海底碳封存目前仍存在一些挑战和风险，选择适合的海底环境进行碳封存是一项复杂且艰巨的任务。在实施碳封存项目之前，需要进行详尽的地质、环境和生态评估，并遵守相关的国际和国内法规，以确保方案的可行性和安全性。

海洋碳封存技术如何影响气候变化？

　　海洋碳封存技术对气候变化的影响总体上是有益的。海洋碳封存技术总体可以概括为两种形式：溶解型和堆积型。溶解型是指二氧化碳直接注入海水中，通过溶解扩散作用将其稀释并分散到海洋中。堆积型则是二氧化碳转化为固态形式，储存在海洋底部的沉积物中。海洋溶解二氧化碳直接影响气候变化，减弱温室效应，减缓全球变暖。

　🔺 低于海平面的荷兰阿姆斯特丹市里的运河

封存海底沉积碳的过程可以平衡稳定海洋碳循环，间接调节碳酸根等有关碳离子的平衡。由于海洋吸收二氧化碳的能力与海洋中已经溶解的二氧化碳量相关，也就是跟海水中与碳有关的离子有关，因此海洋碳封存对这些离子的调节间接影响了海洋吸收二氧化碳，或者改变海水理化性质，从而影响海洋–大气环流系统，调节气候变化。

虽然海洋碳封存技术可以在一定程度上缓解气候变化问题，但也存在一些潜在的风险和挑战。例如，二氧化碳注入海水可能会导致鱼类和其他海洋生物的生理和行为变化，对生态系统产生不利影响。此外，海底沉积物的储存稳定性和漏泄风险也需要得到有效管理和监控。因此，海洋碳封存技术仍需克服许多技术、经济和环境上的挑战。在推进海洋碳封存过程中，必须充分考虑环境风险和生态影响，并进行科学、可持续的实践与监管，从而提高海洋碳封存技术的效率和可行性。

68

海洋碳封存技术的优势和局限性有什么？

海洋碳封存技术能够大量减少大气中的温室气体，有着许多优势。但是由于海洋碳封存的机制十分复杂，其局限性也很明显。

海洋碳封存技术的优势首先在于海洋储碳空间容量巨大，海洋占地球表面积约70%。其次，海洋本身就是一个巨大的碳循环系统。相比于其他类型的碳封存，海洋碳封存对环境的影响较小。目前世界上多个国家都在研究海洋碳封存技术，以平衡生产所带来的碳排放。

同时，海洋碳封存技术的局限性也十分明显。首先是安全问题。海洋环境复杂，在进行海洋碳封存的工程时，海洋复杂的环境很容易破坏封存过程，造成不可估量的损失。其次是技术成本问题，海洋碳封存需要大量的技术成本投入，包括勘测、储存、监测和管理等，在二氧化碳输送到海底的过程中还需要耗费大量资源来维护工程。最后就是可能影响海洋生态系统，人为向海洋输送二氧化碳，如果没有把控好封存量，可能会对海洋生态系统产生一些负面影响，比如造成局部海洋酸化、海底地质层孔隙水金属浓度增高，从而对海洋生物产生毁灭性的打击。

如何平衡海洋碳封存技术带来的经济收益和环境影响？

人工进行海洋碳封存是减缓全球气候变化的有效手段，开展海洋碳封存项目带来一定经济效益的同时也会对海洋环境有一定的影响，因此，如何平衡海洋碳封存带来的经济收益和环境影响尤为重要。

平衡海洋碳封存带来的经济收益和环境影响是一个复杂而关键的问题，需要充分考虑多方利益相关者的需求和利益，制定科学严谨的政策和规范，确保海洋碳封存活动的安全性、公平性和可持续性。

海洋碳封存技术可能带来的经济效益有碳市场收益、带动新兴产业发展和支持能源转型等。海洋碳封存技术可以减少大气中的温室气体浓度，符合碳排放交易制度下的碳减排要求。因此，海洋碳封存技术能够帮助提高国际碳交易收益。海洋碳封存技术的研发和应用还将推动相关产业链的发展，包括碳捕集设备制造、海底储存设施建设、监测和管理服务等，为就业和经济增长带来潜在机会。在能源转型方面，海洋碳封存有助于降低碳排放量、刺激能源转型和低碳经济发展，为企业和国家实现可持续发展提供支持。

然而，海洋碳封存技术在助力减缓全球气候变化的同时也可能带来一些对海洋环境的负面影响，包括影响海洋生态系统以及海底地质结构。

在平衡海洋碳封存带来的经济收益和环境影响方面，首要工作就是要减少环境影响，再去考虑更高的经济效益。因此，一些国家发布了严格的法律法规来规范海洋碳封存活动，包括环境影响评价、许可制度、排放标准等，以确保碳封存活动的合法性和环保性。在海洋碳封存项目开展前，会进行一系列对于工程、环境等方面的评估；在海洋碳封存项目开展的同时，会严格进行监测和管理工作；在海洋碳封存项目开展之后，会通过生态补偿机制来保护和恢复近岸和浅海的海洋生态系统。

如何监测和管理海洋碳封存工程？

由于海洋碳封存本身的复杂性，对于其工程的监测和管理十分重要。监测工作就是监测海洋碳封存工程所需的各种海洋条件，管理工作就是管理海洋碳封存工程以保证其稳定安全运行。二者的共同目的是确保碳封存方案安全、高效和环境友好。

海洋碳封存工程所需要监测的海洋条件主要是二氧化碳浓度、封存区域的海底水文和地质条件及其相互作用。首先监测的是二氧化碳浓度及其分布，通过在封存区域设置水下观测站，在不同深度和位置测量水体中二氧化碳的浓度和分布情况，可以使用传感器、探测设备和水样采集等技术手段来实现。其次是海底水文以及地质监测，通过监测封存区域的水文和地质条件，评估封存地点的安全性和合适的碳封存量。需要监测的海底水文条件一般是海底海水构成，包括盐度、密度、海水压强等指标。而需要监测了解的地质条件有地层结构、地质组成等。海洋碳封存工程能否进行，一般取决于地质条件是否满足，但又由于监测海洋地质条件难度十分高，海洋碳封存的监测还面临着很多挑战。

海洋碳封存工程能否平稳运行还需要良好的管理方法。从宏观上看，国家层面的管理支持十分重要。从微观上说，从将陆地的二氧化碳输运至海上碳封存平台到二氧化碳被封存到海底这个过程，都需要细致的管理。

我国在海洋碳封存方面做了什么工作？

2023年1月12日，中国地质调查局开展了我国海域沉积盆地新一轮二氧化碳地质封存潜力和适宜性评价。结果显示，我国海域主要盆地二氧化碳地质封存潜力为2.58万亿吨。这表明我国海洋碳封存潜力巨大，实施有效的海洋碳封存工作将有助于我国碳中和的目标实现。我国在碳封存方面的实践大多是在陆地油气资源开发时顺便进行的碳封存工程，前些年在海洋碳封存方面主要进行以潜力评估为主的理论工作。

近年来，我国在海洋碳封存方面已经展开了一些工作，虽然还处于初期阶段，但已经取得了一些进展。首先，我国国家自然科学基金委员会资助了一系列海洋碳封存相关的研究项目。这些项目研究涉及封存区域的地质特征、水文学状况、生态环境影响等方面，并旨在评估海洋碳封存的可行性和安全性，为海洋碳封存提供强有力的支持。其次，我国的深海勘探活动以及地质调查活动活跃，2023年的全国地质调查活动就给海洋碳封存潜力评估提供了很有效的支持。此外，还有政策支持，比如"海洋科学十年计划"。

我国的海洋碳封存工程虽然起步较晚，但是发展迅速。2023年6月1日，百万吨级的海洋碳封存示范工程——恩平15-1油田碳封存示范工程已经在珠江口海域正式投用，这是我国的首个海洋碳封存工程。除此之外，中国海油开展"岸碳入海"研究，在广东惠州启动了我国首个千万吨级二氧化碳捕集与封存集群项目。

🔺 恩平15-1油田碳封存示范工程助力"双碳"目标实现

其他国家在海洋碳封存方面做了什么?

挪威是世界上最早开始海洋碳封存研究和实践的国家之一,1996年就开始了真正意义上的海洋碳封存,同时在2007年又开展了一次海洋碳封存项目。除此之外,澳大利亚、美国、加拿大和一些欧盟成员国也是海洋碳封存经验较多的国家。

然而,海洋碳封存技术仍处于研究和探索阶段,需要更多国家的研究与实践来推动海洋碳封存的发展。

碳捕集、利用与封存(CCUS)技术是什么?

二氧化碳捕集、利用与封存各环节的研究与应用开展较早,但碳捕集与封存及碳捕集、利用与封存概念的提出却是随着气候治理的进程而逐渐确定的。

碳捕集与封存(Carbon Capture and Storage,CCS),是指把二氧化碳从工业或相关能源的源分离出来,输送到一个封存地点,并长期与大气隔绝。随着这一技术的发展以及人们对其认识的不断深化,我国于2006年在北京香山会议首次提出碳捕集、利用与封存(Carbon Capture, Utilization and Storage,CCUS)技术,在碳捕集和封存之间引入了二氧化碳资源化利用,通过化学转化利用将二氧化碳封存在化工产品当中。

CCUS技术由三个主要部分组成：捕集、利用和封存。

捕集是指将二氧化碳从工业生产过程或其他二氧化碳排放源中分离出来的过程。二氧化碳捕集技术分为传统捕集技术和直接空气捕集技术。传统碳捕集方式包括燃烧前捕集、富氧燃烧捕集（也可视为燃烧中捕集）和燃烧后捕集，而直接空气捕集技术就是利用技术手段直接从空气中吸收捕集二氧化碳。捕集后的二氧化碳还需要进行压缩和纯化等处理，以便进行后续利用及处理。

利用是指将捕集到的二氧化碳转化为有用的产品或能源，以促进经济和环境可持续发展。利用二氧化碳的方法有很多种，例如将其用于化学品合成、燃料生产、建筑材料制造等。利用二氧化碳可以实现资源的循环利用，减少对传统化石燃料的需求。

▲ 北京香山会议

封存是指将捕集到的二氧化碳长期储存起来以避免其进入大气，从而达到减缓温室效应的目的。封存的方法有陆地地下封存和海洋封存，其中陆地地下封存就是在开采油气资源的同时注入二氧化碳，以达到开采油气资源的同时把二氧化碳封存到地下的双赢目标。具体原理就是二氧化碳处理后密度比需要开采的油气大，当其被注入含油气层时，可以把油气"顶"上来，而二氧化碳本身则留在地底储存。

CCUS技术的目标是通过捕集、利用和封存二氧化碳，实现减少温室气体排放和促进可持续发展的双重效益。然而，CCUS技术还面临一些挑战，如高成本、技术成熟度和环境风险，需要进一步的研究和发展才能实现其大规模应用。

74

CCUS 技术在哪些行业中的应用较多?

CCUS是一种重要的低碳技术，旨在减少工业过程和能源生产中排放到大气中的二氧化碳。它的应用范围十分广泛，主要在电力、钢铁、水泥、化工等行业中有应用。

电力行业是全球二氧化碳排放的主要来源之一，以煤炭为主要能源的火力发电厂产生了大量的二氧化碳排放。因此，CCUS技术在电力行业的应用尤为重要，有助于减少温室气体排放，推动电力行业向清洁能源方向发展。

钢铁行业和水泥行业是高碳排放行业。因工艺要求和以燃煤为主的高温热处理特点，钢铁行业和水泥行业短期难以通过大规模节约燃煤、提高清洁替代燃料占比等方式实现碳减排目标。CCUS技术可以用于捕获钢铁生产和水泥制造过程中产生的二氧化碳，并将其安全地储存起来或者转化为有价值的产品。通过CCUS技术，钢铁行业和水泥行业可以实现减排和资源再利用，以促进产业的可持续发展。

化工行业也是高碳排放产业。CCUS技术可以帮助化工企业控制碳排放，同时将二氧化碳转化为有用的相关化工产品，如聚合物原料，从而实现碳资源的循环利用。随着碳排放成本的提高和对碳中和的需求增加，越来越多的化工企业开始关注并采取行动，推动CCUS技术在该行业的应用。

▲ 电厂

▲ 制钢板厂

▲ 水泥厂

▲ 化工厂

我国 CCUS 技术的发展前景是什么?

2021年，CCUS被首次写入中国经济社会发展纲领性文件《中华人民共和国国民经济和社会发展第十四个五年规划和2035年远景目标纲要》。由此看来，其发展前景是积极广阔的。

> **小知识**
>
> ### 资源节约利用
>
> 实施重大节能低碳技术产业化示范工程，开展近零能耗建筑、近零碳排放、碳捕集利用与封存（CCUS）等重大项目示范。开展60个大中城市废旧物资循环利用体系建设。
>
> ——《中华人民共和国国民经济和社会发展第十四个五年规划和2035年远景目标纲要》

我国的CCUS技术在逐渐发展成熟。第一，在吸收捕集技术方面，二氧化碳的化学溶液吸收技术已进入商业应用阶段；第二，在输送技术方面，二氧化碳管道输运已完全实现商业化应用；第三，在地质利用方面，驱油封存、浸铀采矿技术已进入商业应用阶段，咸水层封存目前处于示范阶段；第四，在工程示范方面，截至2022年底，我国CCUS项目（含规划）近100个，已投运项目的二氧化碳捕集能力约400万t/a，二氧化碳注入封存能力约200万t/a。

从我国源汇匹配的情况来看，CCUS可提供的减排潜力基本可以满足实现碳中和目标的需求。因此我国未来在CCUS领域的投入并不会少，在政策支持下，发展前景十分广阔。

随着全球碳排放权交易市场的建立，CCUS技术能够帮助一些国家在有效减排的同时还能与其他国家进行碳交易，从而获得更大的经济效益。而企业可以通过采用CCUS技术来减少排放并获得碳减排配额，从而在碳市场中获得经济收益。

总的来说，我国CCUS技术的发展前景是非常广阔的，但也面临着技术成本、运营风险、地质储存条件等方面的挑战。未来，我国在CCUS领域的发展需要政府、企业和科研机构共同努力，持续推动技术研发与创新，加大投入力度，实现碳减排、碳利用与碳封存的协同发展，从而为我国低碳经济和可持续发展作出贡献。

CCUS 技术对海洋有什么负面影响?

CCUS 技术在全球范围内的研究以及实践并不是完全成熟的,在开展CCUS项目时可能会对海洋带来一些负面影响,其中包括对海洋生态系统、海洋物理化学性质和海洋生物多样性的影响。

▼ 珊瑚的钙质外骨骼堆积为珊瑚礁

首先，CCUS的碳封存环节可能对海洋生态系统产生影响。尽管目前尚不清楚在长期内海底储存的二氧化碳会对海底生物产生何种影响，但可以肯定的是，局部海水二氧化碳的浓度高可能导致鱼类和其他水生生物的行为和生长受到干扰。

其次，CCUS也会对海洋化学性质产生影响。二氧化碳被捕集后，通常会被压缩和输送至储存设施进行封存。如果二氧化碳泄露或释放到海洋中，就会导致海水的酸化，可能对海洋化学平衡产生不利影响。此外，海水酸化会对贝类和其他钙质生物的生长产生负面影响，因为酸性环境使钙化生物难以形成其钙质外骨骼结构。

最后，CCUS还可能会对海洋生物多样性产生影响。CCUS项目施工和运行维护时，会改变局部地区的海洋环境，比如封存二氧化碳的海底地层结构被改变。又或者是由于大量二氧化碳被注入深海或者海底，严重影响深海处或者海底的环境，从而干扰一些生存在此处的厌氧类或者耐极端环境类生物。

什么是碳循环？

碳循环指的是含碳物质在土壤、大气、水体、岩矿和生物（植物、动物和微生物）之间的相互转换与迁移的过程，对地球生物圈的稳定性、气候变化和生物多样性都具有十分重要的影响。

海洋碳循环体现在吸收、传输和释放三个方面。碳吸收体现为能够进行光合作用的海洋植物吸取大气中的二氧化碳，合成含碳有机物质，这也是生物量形成和积累的主要方式。碳传输发生在海水与海底、海水中、海水与大气之间，其包括碳的转化。二氧化碳通过被生物吸收等方式进入海水中后，沿着食物链，随着三大碳泵的作用以及重力沉降作用在海洋中传输，这个过程也伴随着碳释放。最重要的碳循环是生物的呼吸作用及其残体分解释放出二氧化碳。

海洋碳循环还包括地质过程。当二氧化碳被吸收、传输到海底后，已经是含碳有机物或者无机物的形式了。这些含碳物质会逐渐被矿化，形成含碳沉积物，如石灰岩、白云岩、煤、石油。当然，浅海以及滨海也有如珊瑚礁形成等过程，形成海洋地质碳循环。

▲ 碳循环中的植物光合作用示意图

除了海洋碳循环，各种碳及含碳化合物还会在空气、土壤、生物、淡水体及岩矿之间传递，构成大气圈、土壤圈、生物圈、水圈、岩石圈之间的整体地球碳循环体系。

小知识

　　人为碳循环是指人类活动所导致的碳的流动和转化。人类燃烧化石燃料、砍伐森林和利用土地等活动会释放大量的二氧化碳，导致大气中的二氧化碳浓度增加。此外，工业生产和废物处理也会释放其他温室气体，如甲烷和氧化亚氮。人类还通过农业实践、碳捕集等方式干预碳循环。

海洋环境如何帮助碳循环?

海洋环境包括与陆地交会的海岸环境、海水环境以及海底环境。这三者没有严格的分界线,都能有效帮助碳循环。

由于海岸与陆地接壤,人类活动对其的影响也最大。海岸环境包括河口、潮汐湿地、大陆架等。陆地和海洋在海岸环境处相互作用,促进全球碳循环。例如,潮汐湿地中生长的植物可以直接从空气中吸收大量二氧化碳,将其转变为有机碳;同时,该区域内的动植物等生命体,也向河口释放包括有机碳和无机碳在内的碳物质。

海水环境通过多种生物和物理过程来帮助调节全球的碳平衡。海洋中的浮游植物(如硅藻、钙藻)通过光合作用吸收二氧化碳并将其转化为有机碳。海洋中的浮游动物通过摄食浮游植物和其他生物,将有机碳进一步传递到更高级别的食物链中。当这些海洋生物死亡后,它们自身作为有机碳也会沉积到海底,形成长期的碳储存。

海底环境帮助碳循环的主要方式是海底地质碳封存,其在碳循环过程中是最后一步——封存固碳。类似在陆地地底,海洋地底所固的碳最后也会演化变成能源,如石油和深海天然气水合物。

什么是深海天然气水合物?

深海天然气水合物俗称可燃冰,是在低温高压条件下水分子通过氢键建构成"笼子",小分子气体如甲烷、二氧化碳、硫化氢等充填在"笼子"内部使得晶体结构稳定后形成的似冰状固态物质。

深海天然气水合物主要存在于深海底部的冷海域,通常位于沉积扇和海底山脉等地质构造特殊的区域。这些区域的高压和低温条件以及适宜的沉积环境使得天然气分子与水分子更加容易结合形成水合物。

在深海底部,水合物以固态的形式存在,呈现为白色固体结构,外观类似于冰块,所以也叫可燃冰。它的稳定性受到温度和压力的影响,一旦被提升到较低压力和温度的条件下,水合物会解离,释放出其中的天然气,因此保存难度很大。

△ 深海天然气水合物——可燃冰

深海天然气水合物具有巨大的潜在储量，被认为是一种重要的天然气资源。它的储量超过了传统石油和天然气储量的总和，被认为是未来能源开发的潜在来源。然而，由于深海环境的恶劣条件和技术挑战，目前对深海天然气水合物的开发仍面临很多困难和限制。

我国自2002年开始对深海天然气水合物进行系统的研究和勘探工作，包括对水合物资源分布、形成机制、储量评估等方面进行深入研究。通过海洋科考和勘探活动，我国已经发现了多个富集区，例如南海珠江口盆地、东海陆坡。2017年，我国成功在"蓝鲸一号"钻井平台完成了首个深水天然气水合物试采项目"龙首山01"试验，实现了从水合物层提取天然气的历史性突破。

但需要注意的是，深海天然气水合物的开采仍然存在技术上的挑战和环境风险。我国试采成功不代表已经完全掌握开采技术，在开采过程中，仍需要解决安全性、环境保护、经济可行性等方面的问题。因此，我国在深海天然气水合物开采方面仍需进一步研究和探索，以确保开采的可持续性和安全性。

第五章

蓝碳交易

什么是碳足迹?

"碳足迹"和"碳标识"是两个与碳排放相关的概念,它们为衡量和管理碳排放以及推广低碳生活方式起到了重要的作用。

"碳足迹"是指个人、组织或产品在特定时间内产生的温室气体排放总量,通常以二氧化碳当量表示。计算碳足迹需要考虑到生产、运输、使用和处理等全过程中所排放的温室气体。

对碳足迹的评估管理,可以帮助组织和个人更好地了解自身活动对环境的影响程度,找到减少碳排放的途径,从而推动低碳生活和生产方式的实施。

🔺 各种交通方式产生的碳足迹示意

什么是碳标识?

"碳标识"又称"碳标签",由碳足迹发展而来,是指在产品或服务上明确标示其碳排放量。国际上通常把低碳标识分为两类:一类是产品层面的低碳产品标识,另一类是组织或企业层面的企业低碳标识。从2007年英国推出全球第一批标示碳标签产品开始,碳标识制度在全球范围内尤其是发达国家发展迅速。

▲ 碳标签产品

按照内涵来讲,碳标识和碳足迹都强调了对碳排放问题的认识和管理,但侧重点略有不同。碳标识更侧重于向消费者传递透明的信息,引导消费者的消费选择,进而推动企业生产过程的改善;而碳足迹更侧重于对个人、组织或产品的整体碳排放进行全面测算和评估,帮助其了解碳排放的来源和规模,进而制定相应的减排策略,推动低碳生活和生产方式的实施。

在工业生产及日常生活中，我们通过对产品或活动所产生的碳排放进行测算评估，可以得出相应的碳足迹数据，然后这些数据就得以以标识的形式呈现在产品包装或广告宣传中。这可以加强人们对碳排放问题的认识和管理，为构建低碳社会提供有力支持。

什么是碳核查?

近年来，各国政府及国际机构在努力寻找减少人类活动产生的温室气体的办法、延缓或者阻止全球变暖趋势的过程中，迫切地需要一种新的手段和方法来评估温室气体的有效减排。在这一趋势下，"碳核查"的概念应运而生。

碳核查是指对特定实体（如企业、机构或国家）的碳排放情况进行评估和审查的过程。核查者需要收集、分析和核实被核查者的各种碳排放数据，以确定实际的碳排放量。这不仅可以帮助组织和政府设定减排目标，还能够让其发现潜在的低碳发展路径。

🔺 碳核查示意图

作为一个负责任的大国，我国正积极落实碳核查。据相关数据显示，我国需要碳排放核查的企业超过2.84万家，且呈逐年上涨趋势。研究、规范和监管碳核查体系有利于维护碳市场交易环境，促进碳市场平稳健康运行。

什么是碳资产？

碳资产有赖于碳核查，是指通过减少或避免碳排放而产生的经济价值。它可以采取多种形式，包括但不限于可再生能源项目、碳排放权和碳抵消项目等。

碳资产的发展和利用有助于推动低碳经济转型、吸引投资和创造就业机会，有助于促进相关低碳产业的发展，提高资源利用效率，最终降低碳排放水平。

然而，碳资产的发展和利用也面临一些挑战。一方面，在进行碳核查时，存在监测不精确的难题；另一方面，碳资产市场的规范和标准尚不完善，监管体系亟待加强，以提高市场透明度和交易效率。

碳核查和碳资产通过科学评估碳排放情况，可以推动低碳经济转型，健全碳交易市场，促进经济层面的可持续发展。

什么是碳预算?

碳预算并非新造出来的概念词汇,在应对气候变化成为全球议程之前便已经是一个生态学的统计概念。《京都议定书》的策划者们将其引入了应对气候变化领域。目前,碳预算是指在特定时间段内允许产生的温室气体排放总量,通常以二氧化碳当量计量。

碳预算的设定需要基于科学模型和气候政策目标,对一定范围内的碳排放情况进行分析预测,综合考虑经济发展、能源结构、技术进步等因素,最终确定出在能够实现相应减排目标的前提下所允许的最大碳排放量。碳预算的核心思想是将碳排放控制在可承受的范围内,以避免严重的气候变化和环境破坏。

什么是碳配额?

碳配额是指根据碳预算,将碳排放总量分配给各个实体的具体额度。它可以用于国家层面的碳排放权分配,也可以应用于企业、行业甚至个人的碳排放限额管理。碳配额的设定旨在约束碳排放行为,引导各方加强碳管理和减排行动,实现整体碳减排目标。

　　碳预算和碳配额的设定为碳减排目标提供了量化和可操作的指标。通过设定碳预算，确定了允许的总碳排放量，而碳配额将这一总量分配给各个实体或部门。这使得碳减排目标更加具体明确，有助于各方更加有效地参与碳减排工作。

　　在企业层面上，碳预算和碳配额制度能够约束企业采取更多的清洁生产方式，开发和运用更多的低碳技术，推动经济结构转型升级。这有助于推动绿色发展、增加就业机会和创造新的市场机会。

　　在全球层面上，这一意义显得更加重要。不同国家和地区有不同的碳排放责任和减排能力，通过共同制定碳预算和分配碳配额，可以给各国一个可量化、可执行的碳排放目标，以期通过各国的共同努力，推动全球气候治理进程。

什么是碳排放权？

　　碳排放权是一张"许可证"，这张许可证随着《联合国气候公约》《京都协定书》《巴黎约定》等一系列文件的签署，让每个签署协定的国家都有了一个限定的温室气体排放额，能够让大家互相监督，进而得到了各个国家的认同。不过迄今为止，碳排放权尚没有统一、公认的定义。虽然碳排放权可以被视作一种资产，但这种资产的归属暂时还没有一个权威的说法。

　　在大多数情况下，碳排放权被人们视作宝贵的资产。碳排放权的产生和分配是基于国家或地区的减排目标和政策制定的，政府或相关机构会设定一定时间段内总的碳排放量，并分配给企业或部门。每个企业或个人根据其实际情况和需要获得一定数量的排放权。

获得排放权后，企业或个人就可以根据情况交易这些碳排放权了。如果企业的实际排放量低于其拥有的碳排放权，它可以将多余的排放权出售给排放量超标的企业；反之，如果企业的实际排放量超过其拥有的排放权，它就需要购买额外的排放权来弥补差额。

而碳排放权的价值，则是通过市场供需关系来决定的。随着碳排放目标的逐步明确和碳减排意识的提高，碳排放权的价格往往会上升。这为企业提供了经济激励和动力，以采取更加清洁、高效的生产方式，减少温室气体的排放。同时，碳排放权交易也为企业和个人提供了一种灵活的减排选择，使得减排成本更具可控性。

碳排放权的交易不仅限于国内市场，也可以进行跨国交易。在国际碳市场上，企业和国家可以通过购买其他国家或地区的排放权来弥补自身减排困难，实现全球范围内的减排合作。

总的来说，碳排放权是在碳交易市场中买卖的一种虚拟商品，代表着企业或个人在特定时间段内可以排放的温室气体量。它是碳交易的核心要素，通过市场机制激励和引导企业和个人采取减排措施，促进低碳经济的发展，实现全球范围内的气候变化应对和可持续发展目标。

为什么碳排放权就是发展权？

在一些情况下，碳排放权对一个国家的意义并不仅限于是一种商品，更是代表着一个国家的发展权。

一个国家想要实现发展，需要大量的能源来支撑工业化、城市化和基础设施建设。在能源的获取和利用过程中，煤炭、石油、天然气等化石燃料的燃烧会释放大量的二氧化碳和其他温室气体，导致碳排放增加。此外，工业生产、交通运输、建筑施工等活动也会产生大量的碳排放。

当今世界，广大发展中国家产业结构相对落后，能源利用效率较低，因此单位GDP产生的碳排放量往往较高。同时，由于发展中国家人口众多，基础设施建设需求巨大，这也加剧了碳排放的增加。因此，碳排放额度代表着发展中国家争取发展的权利。

从历史的角度来看，发达国家早已累积了大量的碳排放，其中的多数国家已经完成了从重工业转移到环境治理的过程，可以做到碳排放较低。公平正义的原则要求我们在全球碳排放权分配中，充分考虑到历史责任、发展需求和权利平等，给予发展中国家经济发展的空间。

什么是 CCER？

CCER（China Certified Emission Reduction）即"中国核证自愿减排量"，指经我国权威部门认证的温室气体减排签发量。而"减排签发量"则是由某些减排项目所产生，并在国家温室气体自愿减排交易注册登记系统中登记的数量。CCER的产生和使用涉及碳排放权交易、减排项目认证等领域，对于推动低碳经济发展和应对气候变化具有重要意义。

目前，CCER的"大本营"——国家自愿减排市场交易和登记结算中心，均设在北京绿色交易所。CCER的开发交易管理体系，主要规定为备案、登记、管理三个方面。

🔺 北京绿色交易所展台

　　企业和个人如果想要申请CCER，需要将自己的减排项目提交给专业机构，进行评估和备案，通过层层的严格审查后方可认证登记。完成登记后可在市场出售，以获取相应的减排贡献收益。

　　这之中，减排项目包括可再生能源开发利用、能效改进、固碳林建设、工业废气处理等多种形式。减排项目所吸收的不仅是二氧化碳，也包含甲烷等温室气体。

　　CCER的推出为促进低碳技术创新和生态环境保护提供了有效支持。CCER项目的认证和交易能够激励和扶持清洁能源、节能减排等低碳技术的发展和应用，推动企业和社会向更加环保和可持续的发展方向转变。

　　CCER的实施也为我国有效履行国际气候承诺、推进全球碳市场建设作出了积极贡献。CCER等碳市场机制的建设和运作能够让我国更好地推动国内碳排放减量，提升其在国际气候谈判中的议价能力，助力全球共同抗击气候变化。

CCER 经历了哪些发展历程?

　　作为一种崭新的资产，CCER由发展到成熟经历了一个漫长的过程。从历史的角度来看，我国CCER机制建设大致可分为四个阶段。

　　起步阶段。我国自愿减排机制的起源可追溯到《京都议定书》中的CDM机制（Clean Development Mechanism，清洁开发机制）。CDM机制旨在帮助发达国家实现减排成本最小化，并促进发展中国家和转型经济体实现可持续发展。

彼时，欧盟碳市场是我国自愿减排项目的主要收购方，主要用于欧盟碳市场履约配额的抵消。但历经一段时间的蓬勃发展后，由于CDM项目的核证减排量（CER）价格暴跌，欧盟碳市场也不再接受中国的CER，导致我国的CDM市场大幅萎缩。为了弥补市场空缺，中国核证自愿减排量（CCER）建设工作自2009年开始启动。

试点阶段。2012年，国家发展改革委印发了《温室气体自愿减排交易管理暂行办法》和《温室气体自愿减排项目审定与核证指南》，规定了CCER项目开发的暂行办法，开放了相关注册认定，取得了较好的发展效果。

修订阶段。由于CCER机制建设经验比较缺乏，所以发展阶段的部分CCER交易不够理想，且个别项目不够规范，CCER机制急需改革。因此，我国于2017年3月份暂停受理CCER相关备案申请，并结合经验对当时的一系列办法精雕细琢。

重启阶段。2023年9月，生态环境部审议并原则通过了《温室气体自愿减排交易管理办法（试行）》，标志着CCER项目开发流程修订工作基本完成。国内学者纷纷表示，CCER的重启将进一步激发我国碳市场活力，对于加速碳达峰碳中和目标的实现进程意义重大。

什么是蓝碳交易?

蓝碳交易指的是通过保护和恢复海洋生态系统（如红树林、海草床和盐沼）来减少二氧化碳等温室气体的排放，并通过将这些减排作为减排资产进行交易的过程。

目前，国内蓝碳交易主要基于联合国政府间气候变化专门委员会所承认的三种蓝碳生态系统：红树林、海草床和盐沼生态系统。蓝碳交易通过测量和认证这些生态系统中吸收和储存的碳量，将其作为减排资产在市场上进行交易。企业、政府或个人可以购买这些资产，用于弥补其自身碳排放量，履行企业减排承诺。

蓝碳交易机制的实施可以带来多重效益。它不仅促进了海洋生态系统的保护和恢复、维护了生物多样性和生态平衡，也提供了经济契机，推动了绿色经济转型和社会经济的可持续发展。

总之，蓝碳交易市场"年富力强"，为可持续发展和绿色经济的实现提供了新的途径。

▲ 红树林

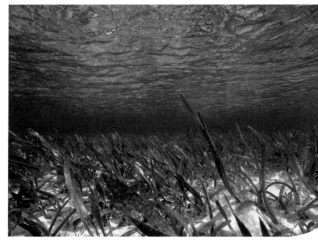

▲ 海草床

蓝碳交易与传统碳排放交易有何不同?

蓝碳交易与传统碳排放交易的不同之处在于减排对象和减排方式。传统碳排放交易主要关注能源、工业等领域的温室气体排放源,如发电厂、冶金厂,通过减少这些领域的排放来实现减排目标。而蓝碳交易则侧重于海洋生态系统中的碳吸收和储存,通过保护和恢复这些生态系统,增加它们对二氧化碳的吸收和储存能力,从而实现减排效果。

此外,蓝碳交易也强调了生态和经济价值的双重回报。蓝碳交易不仅实现了二氧化碳排放量的减少,还能够保护并恢复海洋生态系统、保护海岸线免受风暴和海潮侵蚀的影响等。

通过综合运用传统碳排放交易和蓝碳交易,可以实现更全面、多样化的减排措施,为碳中和目标的实现提供更大的动力和更广阔的机遇。

什么是蓝色债券?

相对于绿色能源、碳中和等耳熟能详的名词,"蓝色债券"对于我们来说是一个更加新颖的概念。

　　蓝色债券严格意义上并不算一种蓝碳交易，但也是通过经济手段助力实现碳中和的一个有效方法。债券是一种金融工具，简单来说，就相当于一张借条。当政府或某些机构需要筹集资金时，它们可以发行债券给投资者，作为一种借款的方式。发行债券的机构会在未来的某个时间点偿还本金，并支付一些额外利息作为回报。

　　而蓝色债券是一种特殊类型的债券，它的发行资金将专门用于支持海洋和水资源相关的可持续发展项目。这些项目可能包括海水淡化、海洋生态恢复、海洋风电开发等，旨在促进海洋环境的改善和可持续利用。

　　2018年9月，世界银行发行全世界首支海洋意识债券，此后，蓝色债券在全球范围内快速发展起来。2019年12月，中国银行保险监督管理委员会在《关于推动银行业和保险业高质量发展的指导意见》中，首次提出"蓝色债券"这一概念。2020年11月，青岛水务集团有限公司成功发行我国第一只蓝色债券，蓝色债券在我国的发展自此拉开帷幕。

　　通过购买蓝色债券，投资者可以将自己的资金投入支持海洋环境保护的项目中，在取得长期资金回报的同时，能够让更多的海洋保护和可持续利用项目获得所需的资金支持，是一个双赢的局面。

需要注意的是，蓝色债券市场在我国目前还处于发展初期，发行体量小，支持项目类别少，整体市场参与度不高，在诸如如何确保蓝色债券项目的回报稳定、如何监督资金使用情况等方面还存在着一些不确定性。因此，我们需要创新发行模式，广泛借鉴国际国内经验，以促进海洋经济高质量、可持续发展。

哪些组织推动了蓝碳交易的发展？

在蓝碳交易的发展过程中，许多组织起到了关键的角色，包括国际组织、政府机构、非政府组织和私营部门等。

联合国环境规划署（UNEP）致力于推动全球环境保护和可持续发展。在蓝碳交易中，UNEP通过支持蓝碳项目和开展相关研究，促进了全球范围内的蓝碳交易。同时，它也帮助各个国家及其他组织了解蓝碳交易的潜力和优点，并为有需要的机构提供技术和政策支持。

国际海事组织（IMO）负责制定和推动全球航运业的环境保护政策。在蓝碳交易中，IMO关注航运排放对海洋生态系统的影响，并采取措施鼓励船舶使用低碳燃料和减少二氧化碳排放。IMO的政策和规定对于推动航运行业的蓝碳交易具有重要作用。

全球环境基金（GEF）致力于支持可持续发展和生态系统保护项目。在蓝碳交易领域，GEF提供资金和技术支持，促进相关项目的实施。它为开展蓝碳交易的国家和组织提供了重要的资源，并帮助它们实现环境和经济的双重效益。

美国国家海洋和大气管理局（NOAA）负责开展研究，通过科学手段监测评估海洋生态系统的健康状况。在蓝碳交易中，NOAA的科学数据具有非常重要的参考价值，能够为蓝碳交易提供更严谨的科学依据。

澳大利亚蓝碳计划（Blue Carbon Initiative）由澳大利亚政府支持和管理，旨在保护和恢复红树林、湿地等生态系统，并推动相关的碳交易。该计划为澳大利亚乃至全球的组织提供了参与蓝碳交易的机会，同时促进了生态系统的保护和修复。

94

蓝碳交易如何"定价"？

对任何一个交易市场而言，"定价"都是一个非常重要的环节，直接影响着市场参与者的行为和交易结果。那么，蓝碳交易是如何进行定价的呢？

和其他市场类似，蓝碳交易的定价依赖于市场供需关系。如果市场上的排放权供大于求，那么排放权价格可能会下跌；反之，如果市场上的需求大于供应，价格就会上涨。

政策因素也对蓝碳交易的定价起到了至关重要的作用。政府部门会根据国家的环保政策、能源结构、经济发展水平等因素来制定相应的碳排放权总量上限，同时还可能对不同行业、不同地区进行差别化的政策调控，以引导企业减少排放，促进绿色发展。因而政策的变化将对碳排放权的价格形成产生深远的影响。

除此之外，国际因素也是蓝碳价格波动的"推手"之一。正如前文所提到，我国CCER机制的建立事实上是受国际市场影响后的"无奈之举"。随着全球化的发展，越来越多的国家和地区加入碳市场，跨国碳交易也变得愈发频繁。国际碳排放权价格差异、政策协调与合作，都会直接影响到蓝碳交易的定价和走势。

综上所述，蓝碳交易的定价是一个综合考虑市场供需、政策因素和国际因素的复杂过程。了解这些定价因素，不仅可以帮助我们更好地理解蓝碳交易的运行机制，也有助于我们认识到环境保护政策与市场机制的结合对于气候变化治理的重要性。

我国的蓝碳交易有哪些风险和挑战?

目前，我国蓝碳交易主要存在碳主权受到冲击、蓝碳交易价格波动大于预期、蓝碳国际合作受到制约、无法确定滨海湿地的碳源性质等风险和挑战。

其中，第四点在本书的第三章为大家介绍过，下面对前三点进行介绍。

当发达国家的蓝碳市场对我国碳主权形成冲击时，可能会导致我国在蓝碳交易中的话语权受到挑战。例如，美国在2009年出台了《清洁能源安全法案》，2021年欧盟提出打造"碳边境调节机制（CBAM）"设想等，都体现了主导国际话语权的意图。在这种情况下，我国需要采取措施，积极维护自身的碳主权，如通过加强国际合作推动国际蓝碳标准的制定和参与，以及积极争取更多的话语权和参与权利。

　　蓝碳交易价格波动大于预期可能会给我国的碳排放单位和生态保护项目带来不确定性和风险。现阶段，我国蓝碳交易仍以政府为主导，导致定价过程的透明性相对较低，交易价格存在不合理波动。为了减轻价格波动带来的影响，我国可以考虑健全国内蓝碳交易市场，制定稳定的政策和机制来引导和规范市场发展，同时加强监管和风险管理，以确保蓝碳交易市场的稳定运行。

　　而蓝碳国际合作受到制约可能会限制我国在国际蓝碳交易中的参与和发展空间。在与其他国家的合作中，经常会存在职责不清、建设思路不统一的问题。各国的研究者在进行蓝碳测量中采用的方法各异，且参数估计不统一，使得估算结果存在一定的差异性。在这种情况下，我国需要积极开展双边和多边合作，推动建立开放、包容的国际蓝碳合作机制，促进蓝碳交易的规范化和国际化发展。

96

如何确保蓝碳交易公平公正?

　　任何交易都要确保公正，才能做到交易双方的公平。而确保蓝碳交易的公正性可以激励更多人参与海洋生态保护，并确保资源分配公平，促进可持续发展。

　　建立透明的信息公开机制是至关重要的手段。在蓝碳交易的各个环节，包括项目选择、碳排放核查、碳交易过程等，都需要有明确的标准、透明的程序，从而可以确保参与者都能够获取到真实、准确的信息，确保其在交易过程中做出明智的决策。

　　建立权威的第三方审核机构也是必不可少的。这些机构可以对蓝碳项目进行独立评估，确保项目的合规性和环境效益的有效性。这样可以避免项目方的自我宣传和夸大，从而维护整个市场的公平竞争环境。

对于政府，建立健全监管制度同样非常重要。政府部门需要出台相关的法律法规和政策文件，对蓝碳交易进行严格监管。同时，政府需要牵头，建立行业组织或者协会，起草行业标准，加强行业自律，提升市场的公平性和透明度。

此外，人员培训也是保证蓝碳交易公平公正的重要手段。对于相关从业者，尤其是处于碳交易核心领域的公务员队伍，需要有专业的培训和教育，让他们深层次掌握相关技能，提升市场的专业水平和诚信度，从而推动市场朝着更加公平和公正的方向发展。

最后，建立多元化的参与机制也是确保蓝碳交易公平公正的一项重要举措。不同地区、不同类型的参与者，包括政府、企业、个人等，都应该有平等的参与机会和话语权，共同参与到蓝碳交易的决策和监督中来。

97

哪些国家已经建立了成熟的蓝碳交易市场?

蓝碳交易市场是指通过购买和出售蓝色碳单位（Blue Carbon Credits）来鼓励保护海洋生态系统的行为。目前，一些国家已经建立了相对成熟的蓝碳交易市场，对我国的蓝碳交易市场发展具有借鉴意义。

澳大利亚是全球首个建立并实施蓝碳交易体系的国家之一。自2011年推出

"澳大利亚蓝碳单位计划"以来，该国就一直在积极推动蓝碳交易市场的发展，旨在通过监管和交易碳汇单位来减少碳排放，同时达到保护海洋生态系统的目的。

美国在其不同的州建立起了蓝碳交易市场。例如加利福尼亚州的温室气体排放交易系统，覆盖了包括蓝碳在内的多种排放行业，旨在鼓励企业减少碳排放并支持生态系统的保护。

新西兰建立了一个名为"新西兰排放交易体系"的蓝碳交易市场，该体系覆盖多个行业，包括农业、工业和能源等，并旨在减少碳排放并提供经济激励。

除上述国家外，其他国家也在积极探索和推动蓝碳交易市场的建设，如加拿大、欧盟成员国、韩国。由此观之，蓝碳交易市场的建立和发展是一个全球范围内势不可挡的趋势，有望为全球的碳减排和碳中和的实现作出更加重要的贡献。

98

我国首个海洋碳汇交易平台是什么?

厦门产权交易中心（厦门市碳和排污权交易中心）是我国首个海洋碳汇交易平台。作为一个专注于碳交易的机构，它的设立标志着中国在蓝碳领域的重要进展。

厦门产权交易中心是中国政府为推动碳市场建设而设立的权益交易机构之一，位于美丽的海滨城市厦门，于2021年7月正式启动运营。该交易中心设立的目标是促进碳排放权和碳减排项目的交易，并积极探索海洋碳汇交易的新模式。

作为我国首个海洋碳汇交易平台，厦门产权交易中心为企业和机构提供了一个便捷、透明、公平的交易平台。通过该平台，企业和个人可以自由买卖海洋碳

△ 厦门产权交易中心

汇权益，这对于更进一步推动蓝碳经济发展具有重要意义。

厦门产权交易中心不仅仅是提供交易平台，还承担着监管和管理的责任。该中心严格执行国家颁布的相关法规政策，制定交易规则和标准，确保交易的公正、透明和合规。同时，它还负责监测和核算碳汇项目的效益，对参与交易的企业和机构进行评估和监管，以确保交易的真实性和可持续性。

此外，厦门产权交易中心还充分利用信息技术手段，建立了完善的数据管理和交易系统。通过这个系统，参与方可以方便地查询和申报交易信息，了解市场动态，并及时进行交易操作。这大大提高了交易的效率和便捷性，为参与方提供了更好的交易体验。

我国首个蓝碳交易项目是什么?

2021年，我国实施了全国首个蓝碳交易项目——"广东湛江红树林造林项目"，成为我国政府积极推动蓝碳经济发展的一个里程碑。

"广东湛江红树林造林项目"由广东省湛江市政府与国内外企业合作共同实施，得到了国家林业和草原局的支持。项目的主要任务是在湛江地区的海岸线和河口湿地区域，依托当地丰富的土地资源和海洋生态环境，进行大规模的红树林造林。通过科学规划和种植管理，确保红树林能够快速生长发育，从而提高蓝碳储量。

在实施过程中，该项目还注重与碳市场的对接，将红树林的蓝碳资源转化为可交易的碳排放权，由此可以实现蓝碳的经济化利用，吸引更多的企业和机构参与蓝碳交易。同时，该项目通过碳交易的机制，激励和奖励参与者在保护海洋生态环境方面的积极行为，进一步推动蓝碳经济的发展。

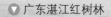
广东湛江红树林

我国首宗海洋渔业碳汇交易和首单蓝碳拍卖交易是什么?

2022年1月,福建省连江县依托厦门产权交易中心(厦门市碳和排污权交易中心)全国首个海洋碳汇交易平台,正式完成15000吨海水养殖渔业海洋碳汇交易项目,交易额12万元。本次海洋渔业碳汇交易是我国首宗海洋渔业碳汇交易,开启了我国蓝碳交易的新篇章,为实现海水养殖碳汇价值的市场化提供了示范路径,对于增加渔业养殖"绿色收入"、引导社会资本发展增汇渔业、助力碳中和等方面具有积极意义。

2023年2月28日,全国首单蓝碳拍卖在浙江宁波成交,经过全国各地20多家企业、机构的70余轮竞价,浙江易锻精密机械有限公司成功拍得宁波象山西沪港一年的碳汇量。相关专家表示,宁波象山以拍卖形式对蓝碳交易进行探索,是为渔业碳汇交易的"中国方案"探路,对我国蓝碳交易市场的发展具有重要借鉴和参考意义。

这些蓝碳交易领域的成功案例为海水养殖碳汇市场化、渔业绿色收入增长、社会资本参与碳中和等方面提供了宝贵经验。

图书在版编目（CIP）数据

碳中和与海洋100问／王云忠，徐永成主编. —青岛：
中国海洋大学出版社，2023.12
ISBN 978-7-5670-3741-0

Ⅰ.①碳… Ⅱ.①王… ②徐… Ⅲ.①海洋—二氧化
碳—节能减排—中国—问题解答 Ⅳ.①X55-44

中国国家版本馆CIP数据核字（2023）第229269号

出版发行	中国海洋大学出版社
社　　址	青岛市香港东路 23 号　　邮政编码　266071
网　　址	http://pub.ouc.edu.cn
出 版 人	刘文菁
责任编辑	付绍瑜　李　燕
文稿编撰	景宗学　黄钰新
图片统筹	陈　龙
电　　话	0532-85902533
电子信箱	184385208@qq.com
印　　制	青岛名扬数码印刷有限责任公司
版　　次	2023 年 12 月第 1 版
印　　次	2023 年 12 月第 1 次印刷
成品尺寸	185 mm × 225 mm
印　　张	10.25
字　　数	145 千
印　　数	1～4000
定　　价	59.00 元
订购电话	0532-82032573（传真）

发现印装质量问题，请致电 0532-67766587，由印刷厂负责调换。